华晟经世ICT专业群系列教材

Hadoop大数据平台
集群部署与开发

罗文浪　邱波　郭炳宇　姜善永　主编

人民邮电出版社

北京

图书在版编目（CIP）数据

Hadoop大数据平台集群部署与开发 / 罗文浪等主编. -- 北京：人民邮电出版社，2018.12（2020.12重印）
华晟经世ICT专业群系列教材
ISBN 978-7-115-49417-7

Ⅰ. ①H… Ⅱ. ①罗… Ⅲ. ①数据处理软件—程序设计—教材 Ⅳ. ①TP274

中国版本图书馆CIP数据核字(2018)第224492号

内 容 提 要

本教材一共6个项目，项目1为Hadoop导入，主要介绍了Hadoop的作用、特点、发展情况，并详细介绍了Hadoop伪分布式搭建及使用方法；项目2主要对Hadoop的核心元素、接口操作进行了细致讲解；项目3对为实现Hadoop HA所需的Zookeeper的架构、部署等进行了解释；项目4至项目6详细介绍了Hadoop生态圈中的几个核心组件——分布式存储数据库（HBase）、数据迁移神器（Sqoop）、数据采集神器（Flume）以及数据仓库（Hive），在介绍这几个核心组件的同时也融入了对于大数据综合实验的分析。本教材具有较强实用性，教材内容以"学"和"导学"交织呈现，十分适合学习者使用。

◆ 主　编　罗文浪　邱　波　郭炳宇　姜善永
　　责任编辑　李　静
　　责任印制　彭志环

◆ 人民邮电出版社出版发行　北京市丰台区成寿寺路11号
　　邮编　100164　电子邮件　315@ptpress.com.cn
　　网址　http://www.ptpress.com.cn
　　固安县铭成印刷有限公司印刷

◆ 开本：787×1092　1/16
　　印张：12.5　　　　　　　　　2018年12月第1版
　　字数：292千字　　　　　　　2020年12月河北第2次印刷

定价：49.00 元

读者服务热线：(010)81055493　印装质量热线：(010)81055316
反盗版热线：(010)81055315

前言

在这样一个数据信息时代，以云计算、大数据、物联网为代表的新一代信息技术已经受到空前的关注，教育战略服务国家战略，相关的职业教育急需升级以顺应和助推产业发展。

在这本教材的编写中，我们在内容上贯穿以"学习者"为中心的设计理念——教学目标以任务驱动，教材内容以"学"和"导学"交织呈现，项目引入以情景化的职业元素构成，学习足迹借助图谱得以可视化，学习效果通过最终的创新项目得以校验。

本教材一共分为6个项目，第1个项目为Hadoop导入，主要是关于Hadoop作用、特点、发展的介绍，详细介绍了Hadoop伪分布式搭建及使用。第2个项目主要对Hadoop的核心元素、接口操作进行讲解。第3个项目对为实现Hadoop HA所需的Zookeeper的架构、部署等进行介绍。第4至第6个项目详细介绍了Hadoop生态圈中的几个核心组件：分布式存储数据库（HBase）、数据迁移神器（Sqoop）、数据采集神器（Flume）以及数据仓库（Hive），介绍这几个核心组件的同时也夹杂了对大数据的综合实验分析。

本教材具有以下特点。

1. 教材内容的组织强调以学习行为为主线，构建了"学"与"导学"的内容逻辑。"学"是主体内容，包括项目描述、任务解决及项目总结；"导学"是引导学生自主学习、独立实践的部分，包括项目引入、交互窗口、思考练习、拓展训练及双创项目。

2. 情景剧式的项目引入。教材中每个项目都模拟了一个完整的项目团队，以情景剧的形式开篇，并融入职业元素，让内容更加接近行业、企业和生产实际。项目还原工作场景，展示项目进程，嵌入岗位、行业认知，融入工作的方法和技巧，更多地传递一种解决问题的思路和理念。

3. 项目篇章以项目为核心载体，强调知识输入，经过任务的解决与训练，再到技能输出，采用"两点（知识点、技能点）""两图（知识图谱、技能图谱）"的方式梳理知识、技能，项目开篇清晰地描绘出该项目所覆盖的和需要的知识点，项目最后总结出经过任务训练学生所能获得的技能图谱。

4. 教材强调动手和实操，以解决任务为驱动，实现"做中学、学中做"的目标。任务驱动式的学习可以让学生遵循一般的学习规律，由简到难，循环往复，融会贯通；加强实践、动手训练，在实操中学习更加直观和深刻地了解知识内容；融入最新技术应用，结合真实应用场景，解决现实性客户需求。

5. 教材中有创新的双创项目设计。教材结尾设计双创项目与其他教材形成呼应，体现了项目的完整性、创新性和挑战性，既能培养学生面对困难勇于挑战的创业意识，又能培养学生使用新技术解决问题的创新精神。

本教材由罗文浪、邱波、郭炳宇、姜善永老师主编。主编除了参与编写外，还负责拟定大纲并总体编纂。本教材执笔人依次是：项目1罗文浪，项目2邱波，项目3至项目5朱胜，项目6黎正林。本教材初稿完结后，由郭炳宇、姜善永、王田甜、苏尚停、王雪松、刘静、张瑞元、朱胜、李慧蕾、杨慧东、唐斌、何勇、李文强、范雪梅、冉芬、曹利洁、张静、蒋平新、赵艳慧、杨晓蕊、刘红申、黎正林、李想组成的编审委员会的相关成员对教材内容进行审核和修订。

整本教材从开发和总体设计到每个细节都包含了我们整个团队的协作和细心打磨过程，我们希望以专业的精神尽量克服知识和经验的不足，并以此书飨慰读者。

本教材配套代码链接：http://114.115.179.78/teaching-resources/Hadoop.zip

本教材配套 PPT 链接：http://114.115.179.78/teaching-resources/PPT-Hadoop.zip

编 者

2018 年 7 月

目 录

项目 1 搭建 Hadoop 开发环境 1
  1.1 任务一：Hadoop 简介 2
    1.1.1 Hadoop 介绍 2
    1.1.2 Hadoop 的发展历史及现状 3
    1.1.3 任务回顾 5
  1.2 任务二：搭建 Hadoop 伪分布式环境 6
    1.2.1 准备工作 6
    1.2.2 搭建伪分布式环境 13
    1.2.3 Hadoop 测试 23
    1.2.4 任务回顾 26
  1.3 项目总结 27
  1.4 拓展训练 28

项目 2 Hadoop 入门及实战 29
  2.1 任务一：HDFS 体系结构与基本原理 30
    2.1.1 HDFS 概述 30
    2.1.2 HDFS 核心元素及其原理 32
    2.1.3 任务回顾 38
  2.2 任务二：HDFS 接口操作 39
    2.2.1 Shell 接口操作 39
    2.2.2 Java 接口操作 41

2.2.3　任务回顾 ······· 47
　2.3　任务三：MapReduce 开发实战 ······· 48
　　2.3.1　MapReduce 工作机制 ······· 48
　　2.3.2　MapReduce 开发实战 ······· 54
　　2.3.3　任务回顾 ······· 63
　2.4　项目总结 ······· 64
　2.5　拓展训练 ······· 65

项目 3　搭建 Zookeeper 运行环境　67
　3.1　任务一：Zookeeper 概述 ······· 68
　　3.1.1　Zookeeper 原理 ······· 68
　　3.1.2　Zookeeper 系统架构 ······· 70
　　3.1.3　任务回顾 ······· 71
　3.2　任务二：Zookeeper 集群搭建 ······· 72
　　3.2.1　集群规划 ······· 72
　　3.2.2　安装 Zookeeper 集群 ······· 74
　　3.2.3　任务回顾 ······· 79
　3.3　任务三：使用 Zookeeper 来实现 Hadoop 的高可用性 ······· 79
　　3.3.1　Zookeeper 集群与 Hadoop 高可用性 ······· 79
　　3.3.2　Hadoop 高可用性集群部署 ······· 81
　　3.3.3　任务回顾 ······· 92
　3.4　项目总结 ······· 93
　3.5　拓展训练 ······· 93

项目 4　分布式存储数据库　95
　4.1　任务一：HBase 概述 ······· 96
　　4.1.1　HBase 简介 ······· 96
　　4.1.2　HBase 表结构 ······· 97
　　4.1.3　HBase 核心进程 ······· 100

   4.1.4 HBase 系统架构 ·· 103

   4.1.5 任务回顾 ··· 105

  4.2 任务二：HBase 集群部署 ·· 106

   4.2.1 HBase 单节点部署 ·· 106

   4.2.2 HBase 集群部署 ·· 108

   4.2.3 任务回顾 ··· 112

  4.3 任务三：HBase 实战 ··· 112

   4.3.1 HBase Shell ·· 112

   4.3.2 HBase Java ·· 116

   4.3.3 任务回顾 ··· 130

  4.4 项目总结 ·· 131

  4.5 拓展训练 ·· 132

项目 5 数据迁移和数据采集   **133**

  5.1 任务一：数据迁移神器——Sqoop ································· 134

   5.1.1 Sqoop 概述 ··· 134

   5.1.2 Sqoop 部署 ··· 135

   5.1.3 Sqoop 实战 ··· 136

   5.1.4 任务回顾 ··· 142

  5.2 任务二：数据采集神器——Flume ·································· 143

   5.2.1 Flume 概述 ··· 143

   5.2.2 Flume 部署 ··· 148

   5.2.3 Flume 实战 ··· 150

   5.2.4 任务回顾 ··· 156

  5.3 项目总结 ·· 157

  5.4 拓展训练 ·· 157

项目 6 数据分析   **159**

  6.1 任务一：Hive 概述 ·· 160

6.1.1 Hive 介绍 160
6.1.2 Hive 架构及原理分析 161
6.1.3 Hive 数据类型 163
6.1.4 Hive 表类型 165
6.1.5 任务回顾 168
6.2 任务二：Hive 部署与实战 168
6.2.1 Hive 部署 169
6.2.2 Hive 表操作 175
6.2.3 Hive 数据分析 187
6.2.4 任务回顾 190
6.3 项目总结 191
6.4 拓展训练 192

项目 1

搭建 Hadoop 开发环境

 项目引入

我叫 Snkey，是一名大数据分析师，在一家电商公司工作，每天和大量的数据打交道；我的同事 Windy 负责公司项目的系统运维，监管公司各种网络问题；而 Suzan 则是一名资深的 Java 开发工程师。我们分管不同的部门，但是因为一个项目我们彼此有了交集。

一次会议上，大 Boss 提出公司要成立一个专门处理大数据的团队。

> Boss：现在大数据越来越流行了，可谓遍地开花，随着公司业务的蒸蒸日上，公司的后台数据日益增长，在大数据时代，数据就是黄金，我们也不能落伍，我们是否考虑把大数据技术引入进来。
>
> 我：目前积累的数据已经很庞大了，随着时间的推移，数据量只会越来越庞大，传统的数据架构和计算框架在处理一些复杂的业务上已经捉襟见肘，要想挖掘出大量数据中的有用价值，必须运用大数据技术，例如 Hadoop、MapReduce、Hive 等。

Boss 对这个想法大加赞赏，当场就拍板由我们三个人成立一个大数据团队。

 知识图谱

项目 1 的知识图谱如图 1-1 所示。

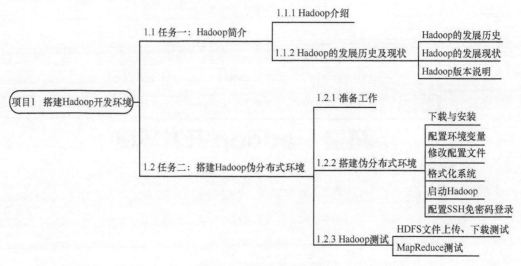

图1-1 项目1知识图谱

1.1 任务一：Hadoop 简介

【任务描述】

经过前期的调研，我们知道大数据涉及 Linux、Java 和数据分析 3 方面的内容，为了方便学习大数据技术，我们决定在公司的服务器上部署 Hadoop 集群，并为每个人搭建一个 Hadoop 伪分布式环境，方便进行本地测试。

为了方便大家了解大数据，所以在第一个任务中，我们不会涉及非常复杂的内容，仅对大数据的整体进行介绍。

1.1.1 Hadoop介绍

谈到大数据，就不得不提与它关系紧密的分布式系统基础架构——Hadoop，它的Logo 是一头大象，那么 Hadoop 究竟是怎么产生的呢？它又为什么会被命名为 Hadoop 呢？下面为大家娓娓道来。

Hadoop 的创作者是 Doug Cutting，他受 Google 三篇论文（GFS、MapReduce、BigTable）的启发而开创了 Hadoop 项目，Hadoop 最初是 Doug 的女儿给玩具起的名字，后来，Doug Cutting 将其用作自己项目的名称，目前 Hadoop 项目属于 Apache 基金会的一个顶级开源项目。

Hadoop 主要用于解决两个问题：海量数据存储和海量数据分析。

Hadoop 就是为处理海量数据而生，它本质上是一个能够对大量数据进行分布式处理的软件框架，并且以一种可靠、高效、可伸缩的方式进行数据处理。因此它具有以下几个方面的特性。

　　① 高可扩展性。Hadoop 可以使用大量的普通计算机来完成专业服务器才能完成的计算工作，我们可以很方便地根据实际业务需求，横向扩展集群机器数量。

　　② 高容错性。Hadoop 可以将数据按照 Block 进行存储，而且每一个 Block 都自动保存多个副本，保证数据不会丢失。对于执行失败的任务能够进行重新分配执行。

　　③ 扩容能力强：Hadoop 能够可靠地存储和处理十亿兆字节（PB）的数据。

　　④ 成本低：可以通过总计数千个节点的普通机器组成的服务器群来分发以及处理数据。

　　⑤ 高效率：Hadoop 通过分发数据，可以在数据所在的节点上并行地进行处理，处理速度非常快。

　　⑥ 高可靠性：Hadoop 能自动地维护数据的多份副本，并且在任务失败后能自动地重新部署计算任务。

1.1.2　Hadoop的发展历史及现状

1. Hadoop 的发展历史

　　Hadoop 源自 2002 年的一个开源项目 Apache Nutch。其最初的雏形是由 Apache Lucene 项目的创始人 Doug Cutting 开发的文本搜索库。2004 年，Nutch 项目模仿 Google 文件系统（Google File System，GFS）开发了自己的分布式文件系统（Nutch Distributed File System，NDFS），也就是 HDFS 的前身。同年，谷歌公司发表了另一篇具有深远影响的论文，阐述了 MapReduce 分布式编程思想。

　　2005 年，Nutch 项目团队参考 MapReduce 分布式编程思想开发了 MapReduce 分布式处理框架。

　　2006 年 2 月，NDFS 和 MapReduce 从 Nutch 项目独立出来，成为 Lucene 项目的一个子项目，被命名为 Hadoop。

　　2008 年 1 月，Hadoop 正式成为 Apache 顶级项目，并逐渐被雅虎、FaceBook 等大公司采用。

　　2008 年 4 月，Hadoop 打破世界纪录，成为排序 1TB 数据最快的系统，它采用一个由 910 个节点构成的集群进行运算，排序时间只用了 209 s。到 2009 年，这个排序时间缩短到了 62 s。由此，Hadoop 迅速跃升为最具影响力的开源分布式开发平台，在大数据时代获得大量拥趸。

2. Hadoop 的发展现状

Hadoop 凭借其实用性、易用性,自推出以来在几年间就满足了大部分工业界的应用需求,还引起了学术界对其的广泛关注和研究。Hadoop 已然成为目前大数据处理主流技术和系统平台。不夸张地说,Hadoop 现在已经成为大数据处理的潜在标准,并在工业界,尤其是互联网行业中得到大量频繁的进一步开发和改进。

Yahoo 作为 Hadoop 曾经的最大支持者,截至 2012 年,其 Hadoop 机器总节点数目超过 420000 个,有超过 10 万的核心 CPU 在运行 Hadoop。最大的一个单 Master 节点集群有 4500 个节点,总的集群存储容量大于 350PB,每月提交的作业数目超过 1000 万个。Facebook 也使用 Hadoop 存储内部日志与多维数据,并以此作为报告、分析和机器学习的数据源。Facebook 不仅是 Hadoop 的忠实用户,同时它还在 Hadoop 基础上建立了一个名为 Hive 的高级数据仓库框架,用来进行数据清洗、处理等工作,目前 Hive 已经正式成为基于 Hadoop 的 Apache 一级项目。

在国内,很多大型互联网企业都逐渐开始使用 Hadoop 来处理离线数据,例如阿里巴巴、百度、淘宝、网易等。阿里巴巴的 Hadoop 集群数据覆盖了它的诸多业务线,非常庞大,它需要为淘宝、支付宝、聚划算等提供底层的存储和基础计算服务。仅看 2012 年的数据,其集群已经有超过 3200 台服务器,总的存储容量超过 60PB,每天的作业数目超过 1500000 个,到今天,这些数字只会越来越大。腾讯也是使用 Hadoop 最早的中国互联网公司之一,由于腾讯的用户量庞大,因此其集群数量也是非常庞大的。腾讯的社交广告平台、腾讯微博、QQ、财付通、微信、QQ 音乐等平台都要依靠 Hadoop 进行存储和计算。除此之外,腾讯还利用 Hadoop-Hive 构建了一套自己的数据仓库系统,取名为"TDW"。

随着互联网行业的发展,Hadoop 也在不断地被应用和升级,相信在未来,它的应用领域和范围还会逐渐增大。

3. Hadoop 版本说明

Hadoop 发展至今,主要的版本有两代,我们习惯将第一代 Hadoop 称为 Hadoop 1.0,第二代 Hadoop 称为 Hadoop 2.0,其版本演变如图 1-2 所示。

第一代 Hadoop 包含 3 个大版本,分别是 0.20.x、0.21.x 和 0.22.x,其中,0.20.x 最后演化成 1.0.x,变成了稳定版,而 0.21.x 和 0.22.x 则增加了 NameNode HA 等新的重大特性。

第二代 Hadoop 包含两个版本,分别是 0.23.x 和 2.x,它们完全不同于 Hadoop 1.0,是一套全新的架构,包含 HDFS Federation 和 YARN 两个系统。0.23.x 和 2.x 两个版本在结构上也有重大的区别,相比于 0.23.x,2.x 增加了 NameNode HA 和 Wire-compatibility 两个重大特性。

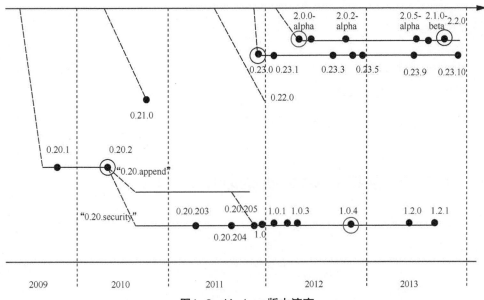

图1-2 Hadoop版本演变

1.1.3 任务回顾

知识点总结

1. Hadoop 起源及其作用。
2. Hadoop 的优势。
3. Hadoop 的发展历史及版本说明。
4. Hadoop 的发展现状。

学习足迹

项目1任务一的学习足迹如图1-3所示。

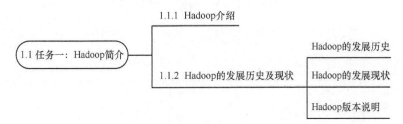

图1-3 项目1任务一学习足迹

思考与练习

1. Hadoop 主要解决什么问题？
2. 简述 Hadoop 的几大优势。
3. Hadoop 有几个版本，主要区别是什么？

1.2 任务二：搭建 Hadoop 伪分布式环境

【任务描述】

在认知了大数据之后，我们是不是也来体验一下 Hadoop？但是我们还缺少环境条件，如果直接搭建 Hadoop 生产环境（高可用集群）就稍显复杂了，不如搭建一个 Hadoop 伪分布式环境，这也不妨碍我们的体验。而且搭建 Hadoop 伪分布式环境和搭建生产环境有很多相通之处，学习了搭建 Hadoop 伪分布式环境同样有利于我们后续搭建 Hadoop 生产环境。

1.2.1 准备工作

搭建 Hadoop 伪分布式环境，需要在单个节点上进行部署。在安装 Hadoop 之前，我们需要安装 Hadoop 的运行环境——Linux 系统，本教材中选择安装的是 CentOS7 mini server 版本。我们可以通过 VMWare、VirtualBox 等虚拟化软件来创建部署所需要的虚拟机，安装过程略。需要注意的是，在安装时需要配置虚拟机的网卡信息，我们选择桥接网卡，这样虚拟机与虚拟机、虚拟机与主机之间都可以进行通信，同时也方便在虚拟机中下载安装所需要的资源。

配置好网卡后，建议测试一下网络环境是否存在问题，测试代码如下：

【代码 1-1】 测试网络环境

```
[root@huatec01 ~]# ping baidu.com
PING baidu.com (220.181.57.217) 56(84) Byte of data.
64 Byte from 220.181.57.217: icmp_seq=1 ttl=57 time=5.10 ms
64 Byte from 220.181.57.217: icmp_seq=2 ttl=57 time=4.28 ms
…
[root@huatec01 ~]# ping 192.168.14.103
PING 192.168.14.103 (192.168.14.103) 56(84) Byte of data.
```

```
64 Byte from 192.168.14.103: icmp_seq=1 ttl=64 time=0.929 ms
64 Byte from 192.168.14.103: icmp_seq=2 ttl=64 time=0.256 ms
…
```

其中，PING baidu.com 用于测试外网环境，PING 192.168.14.103 用于测试内部网络环境，通过上面的代码我们看出，测试通过了，这表明我们的虚拟机的网卡配置信息是正确的。

同时，我们还需要关闭系统的防火墙，CentOS 7 默认关闭 iptables，关闭 firewalld 防火墙和 selinux 防火墙即可，代码如下所示：

【代码 1-2】 关闭并查看 firewalld 防火墙

```
[root@huatec01 ~]# systemctl stop firewalld
[root@huatec01 ~]# systemctl disable firewalld
[root@huatec01 ~]# systemctl status firewalld
firewalld.service - firewalld - dynamic firewall daemon
    Loaded: loaded (/usr/lib/systemd/system/firewalld.service; disabled)
    Active: inactive (dead)
Oct 12 22:54:57 huatec01 systemd[1]: Stopped firewalld - dynamic firewall daemon.
```

在关闭 firewalld 防火墙之前，需要先执行"systemctl stop firewalld"命令来停止防火墙，避免其已经处于运行状态，导致关闭失败，然后调用 systemctl disable firewalld 让其彻底不可用。最后，执行 systemctl status firewalld 指令查看防火墙是否关闭成功。从上述的代码中可以看到最后的防火墙状态是 inactive (dead)，说明操作成功。

关闭 selinnux 防火墙，代码如下：

【代码 1-3】 关闭 selinnux 防火墙

```
[root@huatec01 ~]# vi /etc/sysconfig/selinux
# This file controls the state of SELinux on the system.
# SELINUX= can take one of these three values:
#     enforcing - SELinux security policy is enforced.
#     permissive - SELinux prints warnings instead of enforcing.
#     disabled - No SELinux policy is loaded.
SELINUX=disabled
```

```
# SELINUXTYPE= can take one of three two values:
#     targeted - Targeted processes are protected,
#     minimum - Modification of targeted policy. Only selected
processes are protected.
#     mls - Multi Level Security protection.
SELINUXTYPE=targeted
```

我们修改其中的一行，将 SELINUX 的值改为 disabled 即可。从上面的注释中可以看到 SELINUX 的取值有 3 个，分别为 enforcing、permissive 和 disabled。enforcing 表示 SELINUX 安全策略是强制性的；permissive 表示 SELINUX 安全策略将会提示权限问题，输出提示信息；disabled 是直接让其不可用。

【知识引申】

如果是 CentOS 6.0，参考如下方式关闭防火墙。

第一步：关闭 iptables 和 ip6tables

\# 查看防火墙状态

service iptables status

service ip6tables status

\# 关闭防火墙

service iptables stop

service ip6tables stop

\# 查看防火墙开机启动状态

chkconfig iptables --list

chkconfig ip6tables --list

\# 关闭防火墙开机启动

chkconfig iptables off

chkconfig ip6tables off

在生产环境中，需要为每个虚拟机设置固定的 ip 和主机名，即使是搭建伪分布式环境，也建议这么做。执行 vim /etc/sysconfig/network-scripts/ifcfg-eth0 指令，打开 ip 配置文件进行编辑，编辑后的文件结果如下：

【代码 1-4】 配置固定 ip

```
[root@huatec01 ~]# cat /etc/sysconfig/network-scripts/ifcfg-enp0s3
HWADDR="08:00:27:89:86:1a"
TYPE="Ethernet"
BOOTPROTO="static"
DEFROUTE="yes"
PEERDNS="yes"
PEERROUTES="yes"
IPV4_FAILURE_FATAL="yes"
NAME="enp0s3"
UUID="1cd81753-424f-46aa-890d-9bb23f11438f"
ONBOOT="yes"
IPADDR=192.168.14.101
NETMASK=255.255.240.0
DNS=202.106.0.20
GATEWAY=192.168.0.1
```

其中，BOOTPROTO="static"表明 ip 的获取方式是固定 ip，ONBOOT="yes"表明开机后就应用这个配置，IPADDR="192.168.8.101"、NETMASK="255.255.255.0"、GATEWAY="192.168.8.1"分别为虚拟机配置的 ip、子网掩码和默认网关信息。完成设置后，可以通过 ifconfig 查看当前的 ip 是否设置成功，如果显示不成功，建议重启虚拟机后进行查看。

Mini 版本的虚拟机默认没有安装 ifconfig 指令的相关工具，请执行安装指令：yum install net-tools*。修改主机名，操作如下所示：

【代码 1-5】 修改主机名

```
[root@huatec01 ~]# hostnamectl set-hostname huatec01
[root@huatec01 ~]# hostname
huatec01
```

其中，hostnamectl set-hostname huatec01 指令用于设置主机名，设置成功后，通过 hostname 指令查看设置是否生效。

最后，为主机名和 ip 配置映射关系，打开 /etc/hosts 文件进行编辑，在文件的末尾增加 192.168.8.101 huatec01 即可，编辑后的文件如下所示：

【代码 1-6】 配置主机名和 ip 映射关系

```
[root@huatec01 ~]# vi /etc/hosts
```

```
127.0.0.1       localhost localhost.localdomain localhost4 localhost4.localdomain4
::1             localhost localhost.localdomain localhost6 localhost6.localdomain6
192.168.8.101 huatec01
```

Hadoop 的运行需要依赖 java 环境，而且不同版本的 Hadoop 对 JDK 的版本要求也不同。本教材中选择安装的是 Hadoop 2.7.3 版本，它要求 JDK 最低版本为 1.7，具体说明如图 1-4 所示。

Hadoop Java Versions

Version 2.7 and later of Apache Hadoop requires Java 7. It is built and tested on both OpenJDK and Oracle (HotSpot)'s JDK/JRE. Earlier versions (2.6 and earlier) support Java 6.

Tested JDK

Here are the known JDKs in use or which have been tested:

Version	Status	Reported By
oracle 1.7.0_15	Good	Cloudera
oracle 1.7.0_21	Good (4)	Hortonworks
oracle 1.7.0_45	Good	Pivotal
openjdk 1.7.0_09-icedtea	Good (5)	Hortonworks
oracle 1.6.0_16	Avoid (1)	Cloudera
oracle 1.6.0_18	Avoid	Many
oracle 1.6.0_19	Avoid	Many
oracle 1.6.0_20	Good (2)	LinkedIn, Cloudera
oracle 1.6.0_21	Good (2)	Yahoo!, Cloudera
oracle 1.6.0_24	Good	Cloudera
oracle 1.6.0_26	Good(2)	Hortonworks, Cloudera
oracle 1.6.0_28	Good	LinkedIn
oracle 1.6.0_31	Good(3, 4)	Cloudera, Hortonworks

图 1-4 Hadoop Java Versions

JDK 官网显示的是最新版本下载，我们需要点击如图 1-5 所示的栏目，进入 JDK 历史版本下载界面。

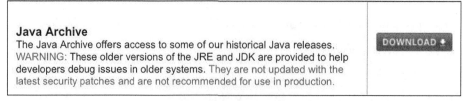

图 1-5 下载 JDK 示意

我们选择 JDK7 X64 位进行下载，如图 1-6 所示。

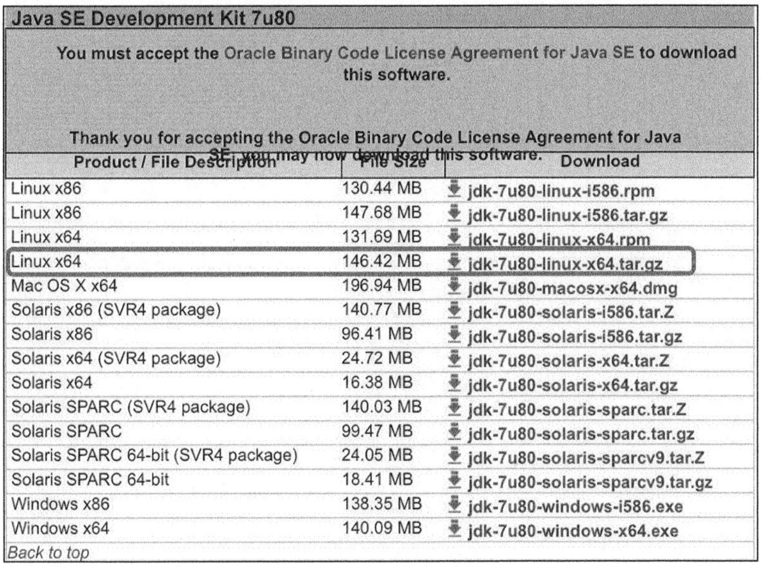
Java SE Development Kit 7u80

You must accept the Oracle Binary Code License Agreement for Java SE to download this software.

Thank you for accepting the Oracle Binary Code License Agreement for Java SE; you may now download this software.

Product / File Description	File Size	Download
Linux x86	130.44 MB	jdk-7u80-linux-i586.rpm
Linux x86	147.68 MB	jdk-7u80-linux-i586.tar.gz
Linux x64	131.69 MB	jdk-7u80-linux-x64.rpm
Linux x64	146.42 MB	jdk-7u80-linux-x64.tar.gz
Mac OS X x64	196.94 MB	jdk-7u80-macosx-x64.dmg
Solaris x86 (SVR4 package)	140.77 MB	jdk-7u80-solaris-i586.tar.Z
Solaris x86	96.41 MB	jdk-7u80-solaris-i586.tar.gz
Solaris x64 (SVR4 package)	24.72 MB	jdk-7u80-solaris-x64.tar.Z
Solaris x64	16.38 MB	jdk-7u80-solaris-x64.tar.gz
Solaris SPARC (SVR4 package)	140.03 MB	jdk-7u80-solaris-sparc.tar.Z
Solaris SPARC	99.47 MB	jdk-7u80-solaris-sparc.tar.gz
Solaris SPARC 64-bit (SVR4 package)	24.05 MB	jdk-7u80-solaris-sparcv9.tar.Z
Solaris SPARC 64-bit	18.41 MB	jdk-7u80-solaris-sparcv9.tar.gz
Windows x86	138.35 MB	jdk-7u80-windows-i586.exe
Windows x64	140.09 MB	jdk-7u80-windows-x64.exe

Back to top

图1-6 下载JDK示意

将本地下载的 JDK 安装包上传到服务器，执行操作如下所示：

【代码 1-7】 上传 JDK

```
bogon:~ zhusheng$ scp /Users/zhusheng/Backup/Hadoop/JDK-7u80-
linux-x64.tar root@192.168.14.101:/home/zhusheng/
root@192.168.14.101's password:
JDK-7u80-linux-x64.tar  100%  294MB  92.0MB/s   00:03
bogon:~ zhusheng$
```

我们在服务器端进行 JDK 的安装工作，首先，新建一个 JDK 安装目录，然后将压缩包解压到我们的安装目录下，具体操作如下所示：

【代码 1-8】 安装 JDK

```
[root@huatec01 java]# cd /usr/local
[root@huatec01 java]# mkdir java
[root@huatec01 java]# tar -xvf JDK-7u80-linux-x64.tar -C /usr/
local/java/
…
[root@huatec01 /]# cd /usr/local/java/
[root@huatec01 java]# ls -al
total 8
drwxr-xr-x. 3 root root  24 Jun  6 20:53 .
```

```
drwxr-xr-x. 15 root root 4096 Sep 21 23:02 ..
drwxr-xr-x.  8   10  143 4096 Apr 10  2015 JDK1.7.0_80
```

解压即可完成安装。

> **【知识引申】：tar 指令参数说明**
>
> z：表示 gz 格式的压缩文件。
> x：表示释放，也就是解压。
> v：显示解压过程文件。
> f：解压到一个目录下。
> -C：指定目录。

JDK 安装完成后，我们还需要为系统配置 java 环境变量，打开环境变量配置文件 /etc/profile 进行编辑，在文件中增加如下代码：

【代码 1-9】 配置 java 环境变量

```
[root@huatec01 local]# vi /etc/profile
…
#java
JAVA_HOME=/usr/local/java/JDK1.7.0_80
export PATH=$PATH:$JAVA_HOME/bin
```

执行 source /etc/profile 指令来更新环境变量配置文件，最后在任意目录执行 java –version 指令检测 JDK 是否安装成功以及环境变量是否成功配置。检测 java 是否安装成功的具体操作如下：

【代码 1-10】 检测 java 是否安装成功

```
[root@huatec01 local]# java -version
java version "1.7.0_80"
Java(TM) SE Runtime Environment (build 1.7.0_80-b15)
Java HotSpot(TM) 64-Bit Server VM (build 24.80-b11, mixed mode)
[root@huatec01 local]#
```

如上所示，表明 JDK 已经安装成功！

至此，准备工作已经完成，下面将开始搭建 Hadoop 伪分布式环境。

1.2.2 搭建伪分布式环境

Hadoop 伪分布式环境就是在一个节点上安装 Hadoop，它包含了 HDFS 和基于 Yarn 架构的 MapReduce。

1. 下载与安装

Hadoop 的下载示意如图 1-7 所示。

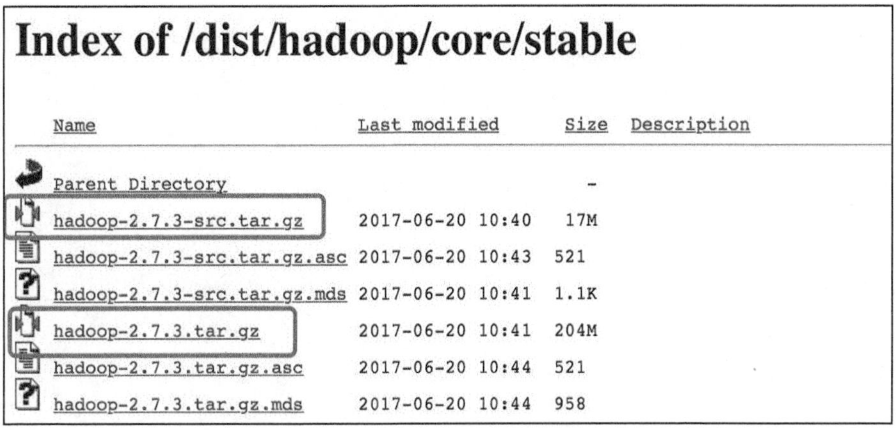

图1-7 Hadoop下载示意

其中，带 src 的是 Hadoop 源码包，另一个为 Hadoop 安装包。下载完成后，将其安装包上传到服务器进行安装。

首先，创建一个目录作为 Hadoop 的安装目录，Hadoop 的安装十分简单，解压即可完成安装，安装 Hadoop 代码如下：

【代码 1-11】 安装 Hadoop

```
[root@huatec01 / ]# mkdir /huatec
[root@huatec01 / ]# tar -zxvf hadoop-2.7.3.tar.gz -C /huatec
[root@huatec01 /]# cd /huatec/
[root@huatec01 huatec]# ls -al
total 24
drwxr-xr-x.  7 root root  4096 Sep 15 03:29 .
drwxr-xr-x. 21 root root  4096 Oct 12 23:59 ..
drwxr-xr-x. 12 root root  4096 Sep 14 04:41 Hadoop-2.7.3
```

我们来看一看 Hadoop 的目录结构是怎么样的，进入安装 Hadoop 的目录，代码如下所示：

【代码 1-12】 Hadoop 目录结构

```
[root@huatec01 huatec]# cd Hadoop-2.7.3/
[root@huatec01 Hadoop-2.7.3]# ls -al
total 128
drwxr-xr-x. 12 root root  4096 Sep 14 04:41 .
drwxr-xr-x.  7 root root  4096 Sep 15 03:29 ..
drwxr-xr-x.  2 root root  4096 Aug 17  2016 bin
drwxr-xr-x.  3 root root    19 Aug 17  2016 etc
drwxr-xr-x.  2 root root   101 Aug 17  2016 include
drwxr-xr-x.  3 root root    16 Sep 14 04:41 journal
drwxr-xr-x.  3 root root    19 Aug 17  2016 lib
drwxr-xr-x.  2 root root  4096 Aug 17  2016 libexec
-rw-r--r--.  1 root root 84854 Aug 17  2016 LICENSE.txt
drwxr-xr-x.  3 root root  4096 Sep 27 05:37 logs
-rw-r--r--.  1 root root 14978 Aug 17  2016 NOTICE.txt
-rw-r--r--.  1 root root  1366 Aug 17  2016 README.txt
drwxr-xr-x.  2 root root  4096 Aug 17  2016 sbin
drwxr-xr-x.  4 root root    29 Aug 17  2016 share
drwxr-xr-x.  4 root root    35 Sep 14 04:46 tmp
```

目录结构的含义见表 1-1。

表1-1 Hadoop目录结构说明

目录名称	描述
bin	可执行文件
etc	hadoop配置文件所在位置，具体为etc/hadoop
lib	hadoop运行依赖的第三方包
share	hadoop文档和示例
sbin	一些可执行脚本，比如start-dfs.sh、stop-dfs.sh等
logs	hadoop运行时产生的日志文件
tmp	格式化HDFS时产生的目录
include	namespace文件、工具文件
libexec	一些可执行的脚本配置文件

2. 配置环境变量

安装完 Hadoop 后，还需要为 Hadoop 配置全局变量，以方便我们执行 Hadoop

相关的一些指令，打开环境变量配置文件 /etc/profile 进行编辑，在文件中增加如下代码所示信息：

【代码 1-13】 配置 Hadoop 环境变量

```
[root@huatec01 local]# vi /etc/profile
…
#Hadoop
HADOOP_HOME=/huatec/Hadoop-2.7.3
export PATH=$PATH:$HADOOP_HOME/bin:$HADOOP_HOME/sbin
```

最后，我们执行 source /etc/profile 指令来更新环境变量配置文件。

3. 修改配置文件

要想启动 Hadoop，还需要进入 $HADOOP_HOME/etc/hadoop/ 目录，修改 Hadoop 的配置文件，主要有 5 个，分别为：

① hadoop.env.sh；

② core-site.xml；

③ hdfs-site.xml；

④ mapped-site.xml；

⑤ yarn-site.xml。

（1）hadoop.env.sh

该文件为 Hadoop 的运行环境配置文件，Hadoop 的运行需要依赖 JDK，我们将其中的 export JAVA_HOME 的值修改为安装的 JDK 路径，代码如下所示：

【代码 1-14】 配置 Hadoop.env.sh

```
[root@huatec01 Hadoop]# vi Hadoop.env.sh
…
export JAVA_HOME=/usr/local/java/JDK1.7.0_80
...
```

（2）core-site.xml

该文件为 Hadoop 的核心配置文件，配置后的文件内容的代码如下所示：

【代码 1-15】 配置 core-site.xml

```
[root@huatec01 Hadoop]# vi core-site.xml
...
<configuration>
```

```
    <property>
        <name>fs.defaultFS </name>
        <value>hdfs://huatec01:9000</value>
    </property>
    <property>
        <name>hadoop.tmp.dir</name>
        <value>/huatec/hadoop-2.7.3/tmp</value>
    </property>
</configuration>
```

在上面的代码中，我们主要配置了两个属性：第一个属性用于指定 HDFS 的 NameNode 的通信地址，这里将其指定为 huatec01；第二个属性用于指定 Hadoop 运行时产生的文件存放目录，这个目录我们无须创建，因为在格式化 Hadoop 时会自动创建。

（3）hdfs-site.xml

该文件为 HDFS 核心配置文件，配置后的文件内容的代码如下所示：

【代码 1-16】 配置 hdfs-site.xml

```
[root@huatec01 Hadoop]# vi hdfs-site.xml
...
<configuration>
    <property>
        <name>dfs.replication</name>
        <value>1</value>
    </property>
</configuration>
```

Hadoop 集群默认的副本数量是 3，但是现在只是在单节点上进行伪分布式安装，无须保存 3 个副本，因此将该属性的值修改为 1。

（4）mapped-site.xml

这个文件是不存在的，但是有一个模板文件 mapred-site.xml.template，我们将模板文件改名为 mapred-site.xml，然后进行编辑。该文件为 MapReduce 核心配置文件，配置后的文件内容的代码如下所示：

【代码 1-17】 配置 mapped-site.xml

```
[root@huatec01 Hadoop]# mv mapred-site.xml.template mapred-site.xml
```

```
[root@huatec01 Hadoop]# vi mapred-site.xml
...
<configuration>
  <property>
      <name>mapreduce.framework.name</name>
      <value>yarn</value>
  </property>
</configuration>
```

之所以配置上面的属性，是因为在 Hadoop2.0 之后，MapReduce 是运行在 Yarn 架构上的，需要进行特别声明。

（5）yarn-site.xml

该文件为 Yarn 框架配置文件，主要指定 ResourceManager 的节点名称及 NodeManager 属性，配置后的文件内容的代码如下所示：

【代码 1-18】 配置 yarn-site.xml

```
[root@huatec01 Hadoop]# vi yarn-site.xml
...
<configuration>
    <property>
        <name>yarn.resourcemanager.hostname</name>
        <value>huatec01</value>
    </property>
    <property>
        <name>yarn.nodemanager.aux-services</name>
        <value>mapreduce_shuffle</value>
    </property>
</configuration>
```

在上面的代码中，我们配置了两个属性：第一个属性用于指定 ResourceManager 的地址，因为是单节点部署，因此指定为 huatec01 即可；第二个属性用于指定 reducer 获取数据的方式。

4．格式化系统

至此，配置文件已经修改完毕了。那么是否就可以启动 Hadoop 了呢？也不是的，在此之前，需要先对 Hadoop 进行格式化操作，也就是格式化 HDFS。这有点类似新买的 U 盘，需要先格式化才能使用。对于 Hadoop1.x，格式化指令为 hadoop namenode -format，对于

Hadoop2.x，格式化指令已经发生了变化，新的格式化指令为 hdfs namenode -format。格式化成功后，tmp 目录被自动创建并存入了一些内容，可以查看一下 tmp 目录，代码如下所示：

【代码 1-19】 查看格式化后的文件系统

```
[root@huatec01 Hadoop-2.7.3]# cd tmp/
[root@huatec01 tmp]# ls -al
total 4
drwxr-xr-x.  4 root root   35 Sep 14 04:46 .
drwxr-xr-x. 12 root root 4096 Sep 14 04:41 ..
drwxr-xr-x.  4 root root   28 Sep 14 04:45 dfs
drwxr-xr-x.  5 root root   54 Sep 27 06:11 nm-local-dir
[root@huatec01 tmp]# cd dfs
[root@huatec01 dfs]# ls -al
total 0
drwxr-xr-x. 4 root root 28 Sep 14 04:45 .
drwxr-xr-x. 4 root root 35 Sep 14 04:46 ..
drwx------. 3 root root 20 Sep 27 06:12 data
drwxr-xr-x. 3 root root 20 Sep 27 06:12 name
[root@huatec01 dfs]#  cd name/
[root@huatec01 name]# ls -al
total 12
drwxr-xr-x. 3 root root   20 Sep 27 06:12 .
drwxr-xr-x. 4 root root   28 Sep 14 04:45 ..
drwxr-xr-x. 2 root root 8192 Sep 15 05:33 current
[root@huatec01 name]# cd current/
[root@huatec01 current]# ls -al
total 1488
drwxr-xr-x. 2 root root 8192 Sep 15 05:33 .
drwxr-xr-x. 3 root root   20 Sep 27 06:12 ..
-rw-r--r--. 1 root root   42 Sep 15 02:01 edits_0000000000000000216-0000000000000000217
-rw-r--r--. 1 root root   42 Sep 15 02:03 edits_0000000000000000218-0000000000000000219
-rw-r--r--. 1 root root   42 Sep 15 02:05 edits_0000000000000000220-0000000000000000221
...
```

5. 启动 Hadoop

启动 Hadoop 有两种方式。

方式一：我们可以先启动 dfs，然后启动 yarn。

```
start-dfs.sh
start-yarn.sh
```

方式二：一次启动全部。

```
start-all.sh
```

建议采用方式一，这样如果启动失败，也知道是哪个组件启动失败。而且 Hadoop 官方也推荐采用方式一。

启动 hdfs 的代码如下所示：

【代码 1-20】 启动 hdfs

```
[root@huatec01 /]# start-dfs.sh
Starting namenodes on [huatec01]
huatec01: starting namenode, logging to /danji/Hadoop-2.7.3/logs/Hadoop-root-namenode-huatec01.out
localhost: starting datanode, logging to /danji/Hadoop-2.7.3/logs/Hadoop-root-datanode-huatec01.out
Starting secondary namenodes [0.0.0.0]
0.0.0.0: starting secondarynamenode, logging to /danji/Hadoop-2.7.3/logs/Hadoop-root-secondarynamenode-huatec01.out
[root@huatec01 /]# jps
6704 DataNode
5170 ResourceManager
6959 Jps
6850 SecondaryNameNode
5262 NodeManager
[root@huatec01 /]#
```

通过启动日志看到，在启动 hdfs 的过程中，分别启动了 NameNode、DataNode、SecondaryNameNode。

接下来，启动 yarn，启动过程代码如下所示：

【代码 1-21】 启动 yarn

```
[root@huatec01 /]# start-yarn.sh
starting yarn daemons
starting resourcemanager, logging to /danji/Hadoop-2.7.3/logs/yarn-root-resourcemanager-huatec01.out
localhost: starting nodemanager, logging to /danji/Hadoop-2.7.3/logs/yarn-root-nodemanager-huatec01.out
[root@huatec01 /]# jps
4844 DataNode
4983 SecondaryNameNode
5170 ResourceManager
5516 Jps
5262 NodeManager
```

通过日志看到，在启动 yarn 的过程中，分别启动了 ResourceManager、NodeManager。

到此，Hadoop 启动成功。Hadoop 管理界面如图 1-8 所示。在该界面，我们可以了解整个 HDFS 的概况、文件存储情况以及可视化操作 HDFS 中的文件。

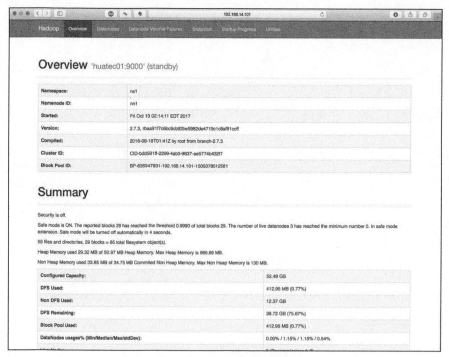

图1-8 Hadoop管理界面

MapReduce 管理界面如图 1-9 所示。通过该界面，我们可以知道系统在执行一个任务时启动了多少个 Job，以及监听每个 Job 的运行资源情况，还可以查看 Job 的历史、哪些 Job 运行成功、哪些 Job 运行失败。

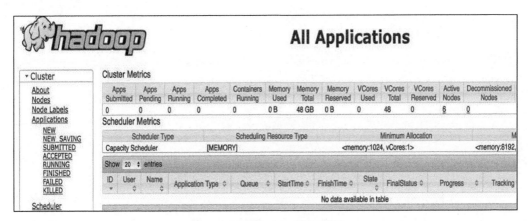

图1-9 MapReduce管理界面

同理，关闭 Hadoop 也有两种方式。

方式一：先关闭 dfs，然后关闭 yarn。

```
stop-dfs.sh
stop-yarn.sh
```

方式二：关闭所有。

```
stop-all.sh
```

通过体验 Hadoop 的启动和关闭，我们发现在启动 dfs 的过程需要输入 3 次密码，在启动 yarn 的过程需要输入 1 次密码，也就是说，每次启动 Hadoop 都需要输入 4 次密码，分别对应 NameNode、DataNode、SecondaryNameNode、NodeManager。关闭 Hadoop 的过程中同样需要输入 4 次密码。单节点操作如此，如果是集群环境，那么启动和关闭的过程就太麻烦了，因此，我们需要考虑解决这个问题。

6. 配置 SSH 免密码登录

Hadoop 进程间的通信使用的是 SSH 协议，即使是当前节点 SSH 自己，也需要输入密码。为了实现免密码登录，需要在 huatec01 主机上进行配置，生成公钥和私钥，然后将自己的公钥添加到信任列表中，这样以后 SSH 自己就不用输入密码了。并且也可以将公钥发送给其他主机，让其他主机可以 SSH 免密码登录到当前主机。

首先，在 huatec01 上生成密钥，执行如下代码：

【代码 1-22】 生成 ssh 密钥

```
[root@huatec01 /]# cd /root/.ssh
[root@huatec01 .ssh]# ssh-keygen -t rsa
…
[root@huatec02 .ssh]# ls -al
total 20
drwx------. 2 root root   76 Sep 14 04:32 .
dr-xr-x---. 5 root root 4096 Sep 27 05:51 ..
-rw-------. 1 root root 1675 Jul 28 10:13 id_rsa
-rw-r--r--. 1 root root  395 Jul 28 10:13 id_rsa.pub
```

执行 ssh-keygen -t rsa 生成密钥，rsa 是一种非对称加密算法，即使是计算机破解也需要很多年，所以安全性相对来说还是比较高的。在生成密钥的过程中，会提示输入一些信息，此时可以不输入，直接 enter 下一步。执行完成后查看 /root/.ssh 目录，发现多了两个文件，它们是生成的密钥对。其中 id_rsa 是私钥，需要保密；id_rsa.pub 是公钥，我们可以共享给其他可信任的用户，让其他用户可以通过 SSH 免密码连接到当前主机。我们可以打开文件查看密钥内容，它的内容是一个比较长的字符串。查看 ssh 私钥操作代码如下：

【代码 1-23】 查看 ssh 私钥

```
[root@huatec02 .ssh]# cat id_rsa
-----BEGIN RSA PRIVATE KEY-----
MIIEowIBAAKCAQEAvJoGzez9jdt6z1zCXaK5GCVvyHRK0bPP67t29tt/lYXrzfmz
UhCrC6JUCN9x0Hm915bvsCx2vb73AekGbGaUDb30NHwo16U8pLO+6oSn0R0afa
…
pDOa6QKBgCUgIJfT2KgcbIt3OT0AsNuFZXnM8bllZ9t+Doie750rmarn5XNUqT2n
KvjlmI6shRkYYZdTIZRZeudUy/+2ZmlR8Jr0eaTDJSLeIW1iy4I4yvTUZV/z5DjQ
2uDIK4c3mpk4C+cRPI8n9JzFy1J6Ckf2DOdZtN5hlCI7IB2m7nbi
-----END RSA PRIVATE KEY-----
```

接下来，执行 cp id_rsa.pub authorized_keys 指令将公钥添加到自己信任的列表中。需要注意的是，authorized_keys 文件夹本身是不存在的，但是名称写法必须是这样才能有效，不可写成其他名称。

配置完免密码登录后，再次启动 Hadoop，发现已经不需要多次输入密码了。

> **【知识引申】：RSA 加密算法概述**
>
> RSA 加密算法起源于1977年，它的名称是由3位发明者的姓氏开头字母拼在一起组成的，他们分别是罗纳德·李维斯特（Ron Rivest）、阿迪·萨莫尔（Adi Shamir）和伦纳德·阿德曼（Leonard Adleman）。这种算法在当时发明后并没有得到应用，直到10年后才首次在美国公布。
>
> RSA 是目前最有影响力和最常用的公钥加密算法，在很多领域都得到广泛的应用，它能够抵抗到目前为止已知的绝大多数密码攻击，已被 ISO 推荐为公钥数据加密标准。它的加密强度和密钥的长度有关，一般只有短的 RSA 钥匙才可能被强力方式解破。截至2008年，世界上还没有任何攻击 RSA 算法的方式。只要其钥匙的长度足够长，用 RSA 加密的信息实际上是不能被解破的。但随着分布式计算和量子计算机理论及技术的应用，RSA 加密的安全性将受到挑战和质疑。

1.2.3 Hadoop测试

安装完 Hadoop 之后，分别测试 Hadoop 的两大核心模块：HDFS 和 MapReduce，查看其功能是否可用。通过文件上传和下载来测试 HDFS，通过 Hadoop 自带的示例架包测试 MapReduce。测试流程如下。

1. HDFS 文件上传、下载测试

我们将 CentOS 系统的一个文件上传到 HDFS 上，上传指令如下所示：

【代码1-24】 HDFS 文件上传

```
[root@huatec01 software]# hadoop fs -put /home/zhusheng/JDK-7u80-linux-x64.tar /JDK
[root@huatec01 software]# hadoop fs -ls /
Found 12 items
...
-rw-r--r--   3 root supergroup   308285440 2017-10-13 02:49 /JDK
```

通过执行 Hadoop fs –put 指令上传文件，上传完成后通过 Hadoop fs –ls 查看 HDFS 的文件结构，结果显示上传成功；我们也可以通过图形化界面查看上传的结果情况，如图1-10所示。

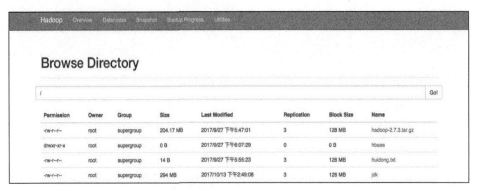

图 1-10 文件上传

现在下载我们上传的文件，下载指令如下所示：

【代码 1-25】 hdfs 文件下载

```
[root@huatec01 software]# hadoop fs -get /JDK /home/zhusheng/JDK
[root@huatec01 software]# ls -al /home/zhusheng/
total 12
drwxr-xr-x. 5 root root       4096 Oct 13 02:58 .
drwxr-xr-x. 3 root root         21 Jul 28 04:42 ..
...
-rw-r--r--. 1 root root  308285440 Oct 13 02:58 JDK
```

我们也可以从浏览器下载，单击需要下载的文件名，进入下载界面，如图 1-11 所示。

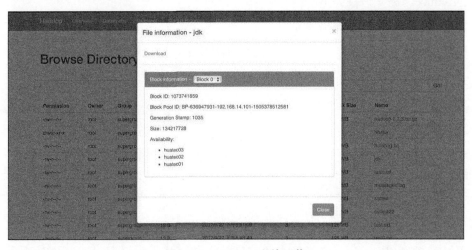

图 1-11 Hadoop 文件下载

需要注意的是，单击"Download"会进入文件下载路径，我们需要在当前电脑上配置 huatec01 与 ip 的映射关系或者修改下载路径的主机名为具体的 ip 地址，才可以下载成功。

2. MapReduce 测试

使用 MapReduce 框架提供的示例 jar 包进行测试，统计一个文件里面的单词数量。该 jar 文件位于 /huatec/Hadoop-2.7.3/share/hadoop/mapreduce 目录下，名称为 Hadoop-mapreduce-examples-2.7.3.jar。

需要统计的文件内容的代码如下所示：

【代码 1-26】 查看统计文件

```
[root@huatec01 zhusheng]# cat sample-wordcount.txt
username zhusheng
username zhusheng
username caolijie
username zhaoyanhui
username zhaoyanhui
username zhangjing
username shaobing
username zhaoyanhui
username zhangjing
username zhangjing
```

将该文件上传到 HDFS，然后使用上面的 jar 包执行单词统计指令，代码如下：

【代码 1-27】 执行统计指令

```
[root@huatec01 mapreduce]# hadoop fs -mkdir /sample/
[root@huatec01 mapreduce]# hadoop fs -put /home/zhusheng/sample-wordcount.txt /sample/
[root@huatec01 mapreduce]# hadoop jar Hadoop-mapreduce-examples-2.7.3.jar wordcount/sample/sample-wordcount.txt /sample/sample-wordcount-result
17/10/13 03:19:13 INFO input.FileInputFormat: Total input paths to process : 1
17/10/13 03:19:14 INFO mapreduce.JobSubmitter: number of splits:1
17/10/13 03:19:14 INFO mapreduce.JobSubmitter: Submitting tokens for job: job_1507875298857_0001
17/10/13 03:19:15 INFO impl.YarnClientImpl: Submitted application application_1507875298857_0001
17/10/13 03:19:15 INFO mapreduce.Job: The url to track the job: http://huatec02:8088/proxy/application_1507875298857_0001/
17/10/13 03:19:15 INFO mapreduce.Job: Running job: job_1507875298857_0001
```

```
  17/10/13 03:19:25 INFO mapreduce.Job: Job job_1507875298857_0001
running in uber mode : false
  17/10/13 03:19:25 INFO mapreduce.Job:  map 0% reduce 0%
  17/10/13 03:19:32 INFO mapreduce.Job:  map 100% reduce 0%
  17/10/13 03:19:43 INFO mapreduce.Job:  map 100% reduce 100%
  17/10/13 03:19:43 INFO mapreduce.Job: Job job_1507875298857_0001
completed successfully
  ...
```

执行完成后，结果如图 1-12 所示。

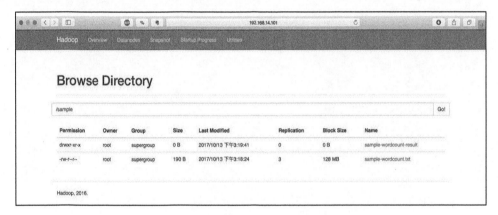

图1-12　wordcount运行结果

下载结果文件 sample-wordcount.result，其内容如图 1-13 所示。

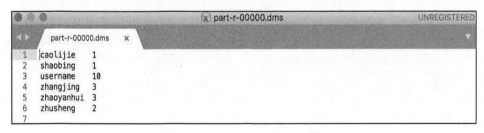

图1-13　wordcount统计结果

1.2.4　任务回顾

　知识点总结

1. 搭建 Hadoop 伪分布式环境。

2. SSH 原理。

3. 为 Hadoop 配置 SSH 免密码登录。
4. Hadoop 文件上传及下载测试。

学习足迹

项目 1 任务二的学习足迹如图 1-14 所示。

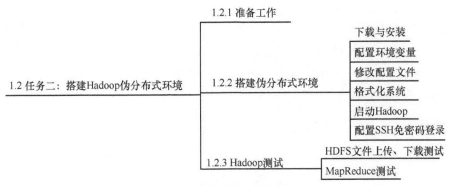

图1-14　项目1任务二学习足迹

思考与练习

1. 搭建 Hadoop 伪分布式环境有哪些步骤？
2. 请简述 SSH 原理，以及如何为 Hadoop 配置免密码登录。

1.3 项目总结

通过本项目学习，我们了解了 Hadoop 概念及相关知识、Hadoop 的作用及其优势，以及如何搭建 Hadoop 伪分布式环境。本项目的技术图谱如图 1-15 所示。

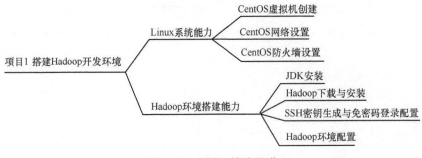

图1-15　项目1技能图谱

1.4 拓展训练

自主分析：熟悉 HDFS、MapReduce 管理界面各部分的功能与作用。

◆ 调研要求

① 选题。结合相关文档和自己的理解，熟悉 HDFS、MapReduce 管理界面各部分的功能与作用，要求熟练地操作使用 HDFS、MapReduce 的管理界面。

② 调研稿。需要包含 HDFS、MapReduce 管理界面的使用操作手册。

◆ 格式要求：需提交调研报告的 Word 版本，并进行操作讲解。
◆ 考核方式：采取课内发言方式，时间要求 5~8 分钟。
◆ 评估标准：见表 1-2。

表1-2 拓展训练评估表

项目名称： 熟悉HDFS、MapReduce管理界面各部分的功能与作用	项目承接人： 姓名：	日期：
项目要求	评价标准	得分情况
总体要求： ①描述清楚HDFS管理界面各部分的功能与作用。 ②上传不同大小的文件到HDFS，从验证Block个数的角度理解HDFS的块存储。 ③描述清楚MapReduce管理界面各部分的功能与作用	①逻辑清晰，语言表达清楚、准确（40分）。 ②调研报告文档规范（30分）。 ③操作说明文档准确无误（30分）	
评价人	评价说明	备注
个人		
老师		

项目 2
Hadoop 入门及实战

项目引入

项目已启动，上周我为 Suzan 搭建了一个 Hadoop 伪分布式环境，方便他进行代码测试。但是现在我要把精力放在自己所负责的部分了。我需要进行数据分析，有时候也会编写 Java 代码，所以我首先要为自己启动一个 Hadoop 容器。正忙着，Suzan 过来找我了。

> Suzan：你帮我搭建的 Hadoop 伪分布式环境真好用，代码测试效率高了不少，我要跟你"取个经"。
> 我：嗯，你说，有问必答。
> Suzan：你用的是什么文件系统搭建的环境，为什么数据处理特别快，干净又清爽？
> 我：具体的咱们慢慢聊。
> Suzan：……

其实没有那么神秘，在本次项目中，我用到的是 HDFS 和 MapReduce 分布式数据处理框架，给 Suzan 搭建的也用的是这个，下面我会详细地进行分析。

知识图谱

项目 2 的知识图谱如图 2-1 所示。

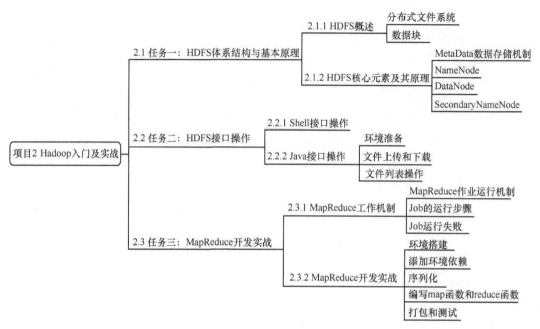

图2-1 项目2知识图谱

2.1 任务一：HDFS 体系结构与基本原理

【任务描述】

在本次任务中，我们主要剖析 HDFS 的核心元素，从实现原理到工作机制进行了深入的讲解，让大家在编写代码时也能对其运行流程有一个清晰的认识，这样调试代码的时候也知道内部是怎么工作的。

2.1.1 HDFS概述

当一台独立的物理计算机不足以存储数据集时，就需要对该数据集进行物理切分和分区操作，将其存储到若干台互为关联的计算机上。管理多台计算机的文件存储系统就是分布式文件系统（Distributed File System，DFS），由于分布式文件系统是架构于网络之上的，因此必须对系统节点故障进行考虑，确保文件在任何情况下都不会丢失。

Hadoop 有自己的分布式文件系统，名为 HDFS，它就是为了存储超大文件而设计的，为了达到最高效的访问效率，HDFS 通过流式数据操作的方式存储和读取文件，一次写入，多次读取。

1. 分布式文件系统

Hadoop 分布式文件系统定义了一个 Java 抽象类 org.Apache.Hadoop.fs.FileSystem，里面包含了各种文件系统接口，并且该抽象类有很多具体的实现类，HDFS 只是其中的一个实现，Hadoop 的所有文件系统见表 2-1。

表2-1 Hadoop文件系统

文件系统	Java实现类	文件系统说明
HDFS	DistributedFileSystem	Hadoop的分布式文件系统，将文件按照Block存储，并保存多个副本，实现高可靠性。HDFS与MapReduce结合使用，可以实现高性能
WebHDFS	WebHdfsFileSystem	它的设计用于代替HFTP和HSFTP，基于HTTP对HDFS提供读写权限的文件系统
hfs	kosmosFileSystem	类似于HDFS和GFS的文件系统，其前身为Kosmos，采用C++进行编写
Local	LocalFileSystem	采用客户端校验和机制的本地磁盘文件系统
FTP	FTPFileSystem	支持FTP服务器的文件系统
HFTP	hftpFileSystem	基于HTTP对HDFS提供只读权限的文件系统，通常与distcp结合使用，实现在不同版本Hadoop集群之间进行数据的复制
HSFTP	HsftpFileSystem	和HFTP类似，区别在于它是基于HTTPS的，是HFTP的安全版
HAR	HarFileSystem	是Hadoop的文件存档系统，用于将HDFS中的文件进行存档，以减少NameNode内存的消耗
S3（原生）	NativeS3FileSystem	Amazon S3
S3（基于块）	S3FileSystem	Amazon S3，通过块的形式存储文件，解决了S3（原生）存储文件大小最大为5GB限制的问题

Hadoop 的 Java 抽象类 FileSystem 是与 Hadoop 的文件系统进行交互的核心类，主要聚焦于其实现类 DistributedFileSystem，在后面，将通过具体的 Java 代码来理解这部分内容。

2. 数据块

HDFS 在进行数据存储时，会将文件切分为数据块的方式进行存储。那么什么是数据块呢？

数据块是磁盘进行数据读写的最小单位，每个磁盘都有自己默认的数据块大小，构建于单个磁盘之上的文件系统通过磁盘块来管理文件系统中的块，它的大小一般都是磁盘块的整数倍。文件系统块大小一般为几千字节，而磁盘块一般为 512 字节。比如 Windows 的文件系统块大小为每个簇字节数，也就是 4096 字节，新建在 Windwos 系统上的空白的文件默认大小是 4kB（4096 字节），当向其写入内容时，其大小也将是 4096 字节的整数倍。

HDFS 的数据块，我们称之为 Block，它的大小要比其他常见的数据块、文件系统块大得多，在 Hadoop 1.x 中，Block 块的大小默认为 64MB，在 Hadoop2.x 中，Block 块的默认大小提升到 128MB。在 HDFS 中，一个文件会被划分为多个独立的分块进行存储。

有别于其他文件系统的块，如果 HDFS 上的一个文件小于 Block 的大小，它不会占据整个块的存储空间，而是占据它实际的文件大小空间。

为了降低寻址开销，HDFS 的 Block 设置得很大。因为，如果一个块设置得足够大，那么从磁盘传输数据的时间会明显大于定位这个块开始位置所需的时间，所以传输一个由多个块组成的文件时，它的传输时间是取决于磁盘的传输速率的。随着以后磁盘的更新换代以及磁盘传输速率的提升，块的大小将会设置得更大。块的大小还会受到 MapReduce 的影响，因为 map 任务在接收数据时，通常一次只能处理一个块中的数据，如果块过大而任务数量安排不合理，反而会降低作业的运行效率。

那么 HDFS 使用块来进行存储有什么好处呢？

其一，它可以存储超大文件。文件的大小可以大于网络中任何一个磁盘的容量，文件可以被分割为不同的块存储在集群的任何节点上。

其二，将存储子系统控制单元设置为块，可以简化存储系统的管理，HDFS 数据块的大小是固定的，想要计算一个磁盘的存储能力，只需要计算它可以存储多少个数据块就可以了，因此简化了存储子系统的设计。

其三，使用数据块存储方便对数据进行备份。将一个文件分割为不同的块，然后每个块可以在集群中存储多个副本（HDFS 默认为 3 个副本），从而可以确保在节点发生故障时，数据不会丢失，保证了数据的可靠性和安全性。

HDFS 提供了查看当前分布式文件系统的块信息的指令：

"hadoop fsck / -files –blocks"

它会显示当前系统的块的整体使用情况以及每个文件的块的使用情况。

2.1.2　HDFS核心元素及其原理

HDFS 通过两类节点来管理整个系统的数据，它们之间以管理者—工作者的形式运行，一类是 NameNode（管理者），一类是 DataNode（工作者）。HDFS 读取数据的原理如图 2-2 所示。

客户端读取数据时，需要先和 NameNode 建立联系，NameNode 查看需要读取的 MetaData 信息，MetaData 数据存储在内存中。NameNode 获得 MetaData 信息将其返回给客户端，然后客户端才能在 DataNode 中读取数据。

也许上面这段描述你不是很理解，因为它涉及几个 HDFS 术语：NameNode、MetaData、DataNode 等。下面将详细说明这几个术语的作用及其原理。

1. MetaData

MetaData 与 NameNode 和 DataNode 都有关系。那么，MetaData 到底是什么？从单

词理解,它是元数据的意思,实际上它就是用于存储元数据的,那么到底什么是元数据呢?下面通过图2-3进行说明。

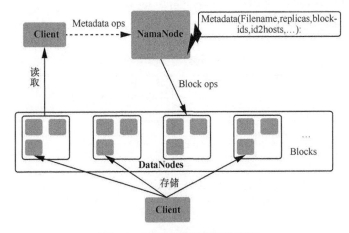

图2-2　HDFS读取数据的原理

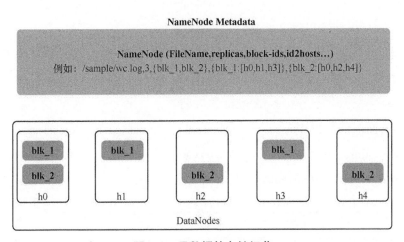

图2-3　元数据的存储细节

元数据有别于文件数据本身,它是文件的一些属性信息、存储位置信息、副本数量及存储位置和节点的对应关系等。HDFS在存储数据时,是需要存储两部分数据的:一部分是元数据;另一部分是数据块本身。

下面结合图2-3对元数据内容进行解读:

/test/a.log, 3 ,{blk_1,blk_2}, [{blk_1:[h0,h1,h3]},{blk_2:[h0,h2,h4]}]

/test/a.log 表示存储的文件名,3 为存储的副本数量,{blk_1,blk_2} 表示该文件被分割为两个 Block,分别为 blk_1 和 blk_2,最后是每个 Block 存储的节点位置信息。比如 [{blk_1:[h0,h1,h3]} 表示名为 blk_1 的 Block,其 3 个副本分别位于 h0、h1、h3 的 3

个节点上。

经过上面的分析,我们可以看出元数据信息的数据格式:

NameNode(FileName, Replicas, Block-ids,id2host...)

元数据存储参数说明见表 2-2。

表2-2 元数据存储参数说明

序号	参数名称	参数释义
1	FileName	文件名
2	Replicas	副本数量
3	Block-ids	表示存储为几个Block,id分别为多少
4	id2host	Block存储节点

2. NameNode

NameNode 是整个文件系统的管理节点,它维护着整个文件和目录的元数据信息、文件系统的文件目录树以及每个文件对应的数据块(Block)列表,还能够接收用户的操作请求。NameNode 包含以下文件。

① fsimage:内存中的元数据序列化到磁盘上的文件名称,是元数据的镜像文件,它存储某一时段 NameNode 内存元数据信息。

② fstime:保存最近一次 checkpoint 的时间。

③ edits:操作日志文件。

fsimage、fstime、edits 都是保存在 Linux 的文件系统中的,存储位置如下:/huatec/Hadoop2.7.3/tmp/dfs/name/current/,如图 2-4 所示。

```
[root@huatec01 /]# cd /huatec/hadoop-2.7.3/tmp/dfs/name/current/
[root@huatec01 current]# ls
edits_0000000000000000216-0000000000000000217  edits_0000000000000000414-0000000000000000415
edits_0000000000000000218-0000000000000000219  edits_0000000000000000416-0000000000000000417
edits_0000000000000000220-0000000000000000221  edits_0000000000000000418-0000000000000000419
edits_0000000000000000222-0000000000000000223  edits_0000000000000000420-0000000000000000421
edits_0000000000000000224-0000000000000000225  edits_0000000000000000422-0000000000000000423
edits_0000000000000000226-0000000000000000227  edits_0000000000000000424-0000000000000000425
edits_0000000000000000228-0000000000000000229  edits_0000000000000000426-0000000000000000427
edits_0000000000000000230-0000000000000000231  edits_0000000000000000428-0000000000000000429
edits_0000000000000000232-0000000000000000233  edits_0000000000000000430-0000000000000000430
edits_0000000000000000234-0000000000000000235  edits_0000000000000000629-0000000000000000629
edits_0000000000000000236-0000000000000000237  edits_0000000000000000635-0000000000000000636
edits_0000000000000000238-0000000000000000239  edits_0000000000000000637-0000000000000000638
edits_0000000000000000240-0000000000000000241  edits_0000000000000000639-0000000000000000640
edits_0000000000000000242-0000000000000000243  edits_0000000000000000641-0000000000000000642
edits_0000000000000000244-0000000000000000245  edits_0000000000000000643-0000000000000000644
edits_0000000000000000246-0000000000000000247  edits_0000000000000000645-0000000000000000646
edits_0000000000000000248-0000000000000000249  edits_0000000000000000647-0000000000000000648
edits_0000000000000000250-0000000000000000251  edits_0000000000000000649-0000000000000000650
edits_0000000000000000252-0000000000000000253  edits_0000000000000000651-0000000000000000652
```

图2-4 NameNode文件存储位置

NameNode 始终将 metedata 保存在内存中，以便处理"读请求"。如果有"写请求"，NameNode 首先持久化 editlog，即向 edits 文件中写操作日志，成功返回后，才会修改相关内容，并返回客户端。

Hadoop 会维护一个 fsimage 文件，但是 fsimage 没有随时和 NameNode 内存中的 MeteData 保持一致，而是每隔一段时间（cheeckpoit）合并 edits 文件来更新 MeteData。Secondary NameNode 的作用就是合并 edits 和 fsimage。具体如何合并，合并的契机又是什么，我们会在后续的 SecondaryNameNode 中进行讲解。

3. DataNode

DataNode 为真实的文件数据提供存储服务，在 HDFS 中最基本的存储单位是 Block。对于每一个需要存储的文件，系统都会按照偏移量根据 Block 的大小对文件进行划分并编号，划分好的每一个块称一个 Block。HDFS 默认 Block 的大小是 128MB，那么一个 256MB 文件共有 256/128=2 个 Block，而且每个 Block 默认都会保存 3 份。我们可以通过修改 hdfs-site.xml 的 dfs.replication 属性来修改 Block 大小和 Replication 以控制 Block 的大小及副本数量。

下面通过示例的方式演示 DataNode 这种按块存储数据的机制。我们将本地的一个 JDK 文件上传到 hdfs，如图 2-5 所示，其文件大小为 308285440 字节。

```
[root@huatec01 zhusheng]# ls -al
total 811216
drwxr-xr-x. 5 root root      4096 Oct 13 03:16 .
drwxr-xr-x. 3 root root        21 Jul 28 04:42 ..
-rw-r--r--. 1 root root        31 Sep 27 06:09 allen.txt
-rw-r--r--. 1 root root 214092195 Sep 27 05:45 hadoop-2.7.3.tar.gz
-rw-r--r--. 1 root root 308285440 Oct 13 02:58 jdk
-rw-r--r--. 1 root root 308285440 Oct 12 23:35 jdk-7u80-linux-x64.tar
drwxr-xr-x. 2 root root        22 Sep 14 06:03 logs
drwxr-xr-x. 3 root root        23 Sep 21 22:58 project
-rw-r--r--. 1 root root       190 Oct 13 03:16 sample-wordcount.txt
-rw-r--r--. 1 root root         0 Sep 27 05:51 shuai.txt
drwxr-xr-x. 2 root root      4096 Sep 21 22:56 software
-rw-r--r--. 1 root root        13 Sep 27 05:47 test.txt
```

图2-5 文件大小示意

将文件上传到服务器的 HDFS，上传指令如下：

hadoop fs –put /home/zhusheng/JDK-7u80-linux-x64.tar /

上传完成后，可以通过指令查看该文件的 Block 的存储情况，代码如下所示：

【代码 2-1】 文件的 Block 存储情况

```
[root@huatec01 zhusheng]# hadoop fs -put /home/zhusheng/JDK-7u80-
linux-x64.tar /
[root@huatec01 zhusheng]# cd /huatec/Hadoop-2.7.3/tmp/dfs/data/
current/BP-636947931-192.168.14.101-1505378512581/current/
finalized/subdir0/subdir0/
[root@huatec01 subdir0]# ls -al
total 818444
drwxr-xr-x. 2 root root       4096 Oct 16 02:46 .
drwxr-xr-x. 3 root root         20 Sep 14 05:32 ..
-rw-r--r--. 1 root root          7 Sep 14 05:32 blk_1073741825
-rw-r--r--. 1 root root         11 Sep 14 05:32 blk_1073741825_1001.meta
-rw-r--r--. 1 root root         42 Sep 14 05:32 blk_1073741826
...
-rw-r--r--. 1 root root  134217728 Oct 16 02:46 blk_1073741873
-rw-r--r--. 1 root root    1048583 Oct 16 02:46 blk_1073741873_1049.
meta
-rw-r--r--. 1 root root  134217728 Oct 16 02:46 blk_1073741874
-rw-r--r--. 1 root root    1048583 Oct 16 02:46 blk_1073741874_1050.
meta
-rw-r--r--. 1 root root   39849984 Oct 16 02:46 blk_1073741875
-rw-r--r--. 1 root root     311335 Oct 16 02:46 blk_1073741875_1051.meta
```

这里，Block 数据存储位置为：/huatec/Hadoop-2.7.3/tmp/dfs/data/current/BP-636947931-192.168.14.101-1505378512581/current/finalized/subdir0/subdir0/

根据上传的时间日期查找 Block，一般最新上传的文件的 Block 位于最下方。从上面的代码块中，我们可以看出，JDK-7u80-linux-x64.tar 文件被切分为 3 个 Block，分别为 blk_1073741873、blk_1073741874、blk_1073741875，每个 Block 包含一个数据文件及一个以 .meta 结尾的文件，前者是存储的数据本身，后者是 Block 的元数据信息。

3 个 Block 的字节数分别为 134217728 字节、134217728 字节、39849984 字节，其大小相加 134217728 +134217728 +39849984 = 308285440 字节，最终的计算结果和上传之前看到的文件的字节数是一致的，这说明上传的文件是完整的。Block 相互之间存在的先后顺序，取决于切分文件时的 Block 的顺序。

我们可以看，第一个、第二个 Block 的大小为 134217728 字节，单位换算成 MB，就是 128MB，第三个 Block 的大小为 39849984 个字节，也就是文件被切分后的第三个

Block 的实际大小,它没有占据一个 Block 的全部空间,这进一步验证了之前的分析。

为了保证在节点发生故障时,数据不会丢失,DataNode 在存储 Block 之后,会监控每个 Block 的数量是否和设置的副本数保持一致,如果有节点宕机了,Block 的数量小于设置的副本数,DataNode 和 NameNode 之间会根据心跳机制来判断 DataNode 节点是否宕机。如果宕机了,NameNode 将会在另外一个节点上复制一个副本,以保证副本数量和设置的副本数量一致。

4. SecondaryNameNode

SecondaryNameNode 是 HA(High Availably,高可用性)的一个解决方案,它负责辅助 NameNode 完成相应的工作,但是它不支持热备份。SecondaryNameNode 工作时会下载数据信息 fsimage 和 edits,然后把两者合并,生成新的 fsimage 并在本地进行保存,然后将其推送到 NameNode,替换旧的 fsimage。SecondaryNameNode 默认安装在 NameNode 上,从高可靠性的角度分析,这并不是很安全的选择,所以建议在单独的节点上运行 SecondaryNameNode。

那么,SecondaryNameNode 具体工作流程是怎样的呢?下面结合图 2-6 进行分析。

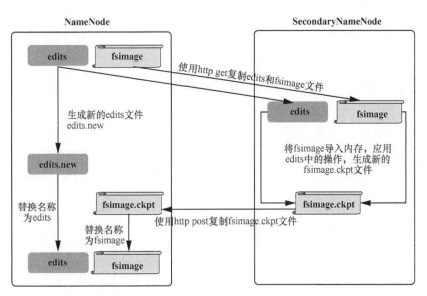

图2-6 SecondaryNameNode的工作流程

我们对 SecondaryNameNode 的工作流程进行总结,归纳如下。

① secondary 通知 NameNode 切换 edits 文件。

② secondary 从 NameNode 获得 fsimage 和 edits(通过 http)。

③ secondary 将 fsimage 载入内存,然后合并 edits,合并完成后清空 edits。

④ secondary 将新的 fsimage 发回给 NameNode。

⑤ NameNode 用新的 fsimage 替换旧的 fsimage。

SecondaryNameNode 下载 fsimage 和 edits 并将其进行合并，但是在下载完成后，不会立即删除 NameNode 中的 fsimage 和 edits。因为在下载过程中，客户端可能还在上传数据，需要向 edits 中写入内容，这时会生成一个新的 edits 文件。合并成功后，新的 edits 和合并之后的 fsimage 才会被使用，NameNode 和 SecondaryNameNode 中旧的 edits 和 fsimage 将被删除。

那么，fsimage 和 edits 在什么时候进行合并呢？如果将 fsimage 和 edits 一次合并理解为一次 checkpoint，那么 checkpoint 的时机有两个。

① fs.checkpoint.period 指定两次 checkpoint 的最大时间间隔，默认为 3600s，也就是 1 小时合并一次。

② fs.checkpoint.size 规定 edits 文件的最大值，一旦超过这个值则强制 checkpoint，不管是否到达最大时间间隔，默认大小是 64MB。比如，我们在 1 小时内不停地上传文件，导致 edits 文件不断变大，导致其大小超过 64MB，fsimage 和 edits 将会提前被合并。

2.1.3 任务回顾

知识点总结

1. Hadoop 文件系统类型。
2. HDFS 的核心元素及其原理分析。
3. Hadoop 元数据存储分析。
4. Checkpoint 合并时机。

学习足迹

项目 2 任务一的学习足迹如图 2-7 所示。

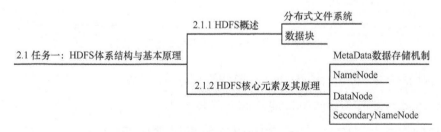

图 2-7　项目 2 任务一学习足迹

思考与练习

1. 简述 HDFS 的结构原理。
2. 简述 MetaData 数据存储机制。

2.2 任务二：HDFS 接口操作

【任务描述】

HDFS 作为一个分布式文件系统，对外提供了 Shell 操作接口及 I/O 操作，并支持 Java、Python、Ruby 等语言的 API 操作。本次任务我们主要通过 shell 接口、Java 接口两种方式的实战来操作 HDFS。

2.2.1 Shell接口操作

在安装的时候，Hadoop 已经配置了环境变量，可以执行 hadoop fs -help 来查看帮助，代码如下所示：

【代码 2-2】 Hadoop 帮助

```
[root@huatec01 zhusheng]# Hadoop fs -help
Usage: Hadoop fs [generic options]
[-appendToFile <localsrc> ... <dst>]
[-cat [-ignoreCrc] <src> ...]
[-checksum <src> ...]
[-chgrp [-R] GROUP PATH...]
[-chmod [-R] <MODE[,MODE]... | OCTALMODE> PATH...]
[-chown [-R] [OWNER][:[GROUP]] PATH...]
[-copyFromLocal [-f] [-p] [-l] <localsrc> ... <dst>]
[-copyToLocal [-p] [-ignoreCrc] [-crc] <src> ... <localdst>]
[-count [-q] [-h] <path> ...]
```

首先，我们需要将一个文件本地上传到 HDFS，上传指令格式如下：hadoop fs –put <from><to> 或 hadoop fs –copyFromLocal <from><to>。

执行上传指令，并使用 hadoop fs –ls / 查看上传结果，示例代码如下：

【代码2-3】 文件上传

```
[root@huatec01 zhusheng]# Hadoop fs -put test.txt /test.txt
[root@huatec01 zhusheng]# Hadoop fs -copyFromLocal test.txt /test2.txt
[root@huatec01 zhusheng]# Hadoop fs -ls /
Found 20 items
...
-rw-r--r--   3 root supergroup         13 2017-10-16 04:39 /test.txt
-rw-r--r--   3 root supergroup         13 2017-10-16 04:40 /test2.txt
```

上传后的文件是一个文本文件，使用查看指令查看其具体内容，这里罗列了几种查看文件的方式，熟悉 Linux 的读者会发现，参数部分的内容和 Linux 的指令基本一致。事实就是如此，HDFS 的操作指令基本都是借鉴了 Linux 的指令结构。

查看文件的格式如下：

hadoop fs –cat <file>【查看文件】

hadoop fs –cat <file> | more【使用管道进行分页查看】

hadoop fs –tail <file>【查看文件尾部的内容】

hadoop fs –text <file>【相当于 cat】

查看文件的执行指令如下所示：

【代码2-4】 查看文件

```
[root@huatec01 zhusheng]# hadoop fs -cat /test.txt
Welcome to Apache™ Hadoop®!
What Is Apache Hadoop?
The Apache™ Hadoop® project develops open-source software for reliable, scalable, distributed computing.
The Apache Hadoop software library is a framework that allows for the distributed processing of large data sets across clusters of computers using simple programming models.
…
```

接下来，使用 md5 来检测下载的文件和上传之前的文件是否一致，HDFS 提供了两种进行文件下载的指令，格式为 hadoop fs –get <from><to> 或 hadoop fs –copyToLocal <from><to>。

执行文件下载指令，代码如下所示：

【代码2-5】 文件下载

```
[root@huatec01 zhusheng]# hadoop fs -get /test.txt /home/
```

```
zhusheng/test-hdfs.txt
 [root@huatec01 zhusheng]# md5sum test.txt
 caf7de2b68c9844e2dca6814a8af569d  test.txt
 [root@huatec01 zhusheng]# md5sum test-hdfs.txt
 caf7de2b68c9844e2dca6814a8af569d  test-hdfs.txt
```

将 HDFS 上的文件下载下来并保存为 test-hdfs.txt 文件，然后计算两个文件的 md5 值，结果一致，表明这个文件在 HDFS 之间的上传和下载，其文件内容是完整的。

> **【知识引申】：HDFS 中的文件访问权限**
>
> HDFS 的文件访问权限和 POSIX（Portable Operating System Interface of UNIX，可移植操作系统接口）非常相似。HDFS 的权限模式一共有读取权限（read）、写入权限（write）及可执行权限（eXecute）3 种。读取文件或列出目录内容时需要读写权限；写入一个文件或是在一个目录中新建及删除文件或目录时需要写入权限；可执行权限是针对脚本文件的，比如我们在启动 Hadoop 时调用 start-dfs.sh 或 start-yarn.sh 就需要 start-dfs.sh 或 start-yarn.sh 文件具有可执行权限。
>
> 每个文件、目录都有所属用户（owner）、所属组（group）及模式（mode），其中模式由所属用户的权限、组内成员的权限及其他用户的权限组成。
>
> 在默认情况下，我们可以通过正在运行的用户名和组名来确定一个客户端标识，而且该客户端标识具有唯一性。但是由于客户端是远程的，因此任何用户都能够在远程系统上以该客户端标识新建一个账户来进行访问。因此，作为共享文件系统资源和防止数据意外丢失的一种机制，权限只能供合作团体中的用户使用，而不能用于一个不友好的环境。

为了防止误删除 HDFS 文件系统中的重要部分，我们需要启用权限控制。当用户启动权限检查，系统会检查访问所属用户的权限，以确定客户端的用户名及所属用户是否匹配。这里有一个超级用户：NameNode，系统不会对该用户执行任何权限检查。

2.2.2 Java接口操作

第 2.2.2 小节将深入探讨 Hadoop 的 FileSystem 类，其是与 Hadoop 的某一文件系统进行交互的 API 的基类。Hadoop 有很多类型的文件系统，本小节主要聚焦 HDFS 文件系统，即 DistributedFileSystem，其是 FileSystem 的一个实现类。考虑到代码的可移植性，在编写代码时，最好是集成 FileSystem 抽象类，然后在里面重写代码。

1. 环境准备

打开 IDEA 开发工具，如图 2-8 所示，单击"Create New Project"新建一个项目。

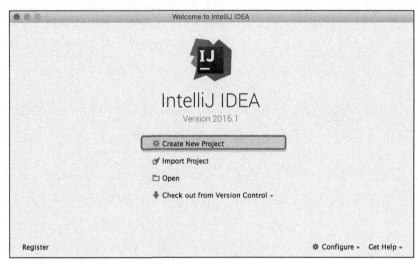

图2-8　新建项目

这里要开发的是一个 Java Application，如图 2-9 所示，选择 Java，单击"Next"前往下一步。

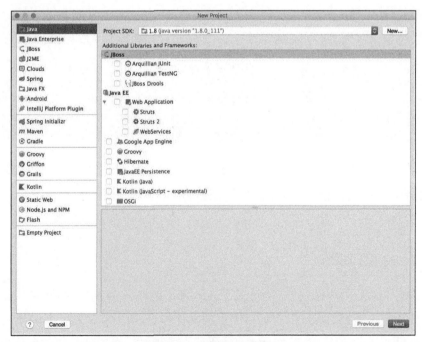

图2-9　选择Java项目

如图 2-10 所示，在填写 Project Name 为"HDFSDemo"后，其他内容会由工具自动生成。

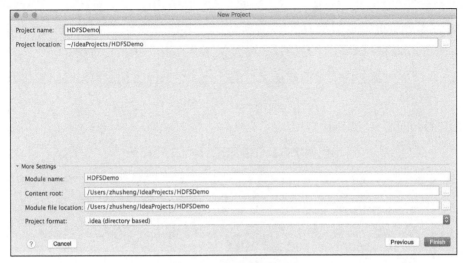

图2-10　填写项目信息

导入 /Hadoop-2.7.3/share/Hadoop/common 下的 3 个 jar 包以及导入 /Hadoop-2.7.3/share/Hadoop/common/lib 下的所有 jar 包到项目的 lib 目录下，如图 2-11 所示。

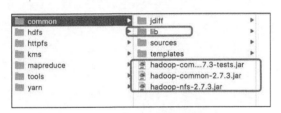

图2-11　Hadoop基础依赖包

导入 /Hadoop-2.7.3/share/Hadoop/hdfs 下的 3 个 jar 包，如图 2-12 所示。

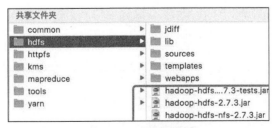

图2-12　hdfs依赖包

2. 文件上传和下载

在操作 HDFS 之前，用户首先需要和 HDFS 建立联系，可以通过新建一个 URI 来定义访问的节点信息，URI uri = new URI("hdfs://172.168.1.253:9000")。由于 HDFS 本质上是一个文件系统，所以操作HDFS实际上是操作文件系统。我们可以通过下面的方式获取一个文件系统操作对象，FileSystem fs = FileSystem.get(uri,conf)，其除了需要一个URI对象之外，还需要一个Configuration对象（HDFS系统的配置文件信息），通过Configuration conf = new Configuration()来创建一个使用默认配置信息的Configuration对象。

熟悉Java开发流程的人员都知道文件的上传和下载即为操作数据流，操作HDFS也是如此。

HDFSDemo文件代码如下：

【代码2-6】 HDFSDemo文件代码

```
public class HDFSDemo{
public static int BUFFER_SIZE=4096;
public static void main(String[] args) throws Exception{
//1.获取hdfs文件系统
URI uri = new URI("hdfs://172.168.1.253:9000");
Configuration conf = new Configuration();
FileSystem fs = FileSystem.get(uri,conf);

   //2.下载文件
   InputStream in = fs.open(new Path("/JDK"));
   OutputStream out = new FileOutputStream(new
       File("/Users/zhusheng/Downloads/JDK1.7_1"));
   IOUtils.copyByte(in, out, BUFFER_SIZE);
   }
}
```

在上述代码中，开发人员通过Path指定了下载的源文件路径、下载本地存储路径和文件名称。执行Run As Java Application，检查本地的Downloads目录，并发现多了一个文件，如图2-13所示，表示文件完成下载。

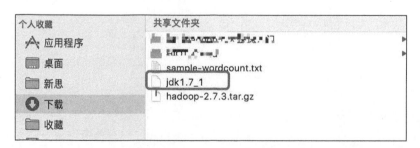

图2-13 文件下载演示

文件的上传方法和下载方法非常相似，关键是把握数据的流向。通过 Junit Test 的方式编写的一个测试代码如下：

testUPload 测试函数代码如下：

【代码 2-7】 testUPload 测试函数代码

```
// 定义一个通用的初始化 hdfs 文件系统的方法
@Before
public void init() throws IOException, URISyntaxException,
InterruptedException{
  fs = FileSystem.get(new URI("hdfs://172.168.1.253:9000"),new
      Configuration(),"root");
}
// 上传文件
@Test
public void testUPload() throws IllegalArgumentException,
IOException{
  // 指定输出：hdfs
  FSDataOutputStream out = fs.create(new Path("/Hadoop-2.7.3.tar.gz"));
  // 指定输入：当前系统
  FileInputStream in = new FileInputStream(new
            File("/Users/zhusheng/Downloads/Hadoop-2.7.3.tar.gz"));
  // 执行拷贝
  IOUtils.copyByte(in, out, BUFFER_SIZE, true);
}
```

通过浏览器查看文件上传的结果，如图 2-14 所示。

Browse Directory

Permission	Owner	Group	Size	Last Modified	Replication	Block Size	Name
-rw-r--r--	user2	group2	1.33 KB	2017/5/26 上午11:13:35	1	128 MB	README.txt
-rw-r--r--	root	supergroup	204.17 MB	2017/5/26 下午9:54:17	3	128 MB	hadoop-2.7.3.tar.gz
-rw-r--r--	root	supergroup	294 MB	2017/5/24 下午6:22:09	1	128 MB	jdk
drwxr-xr-x	root	supergroup	0 B	2017/5/25 下午1:06:02	0	0 B	sample
drwx------	root	supergroup	0 B	2017/5/25 下午12:55:17	0	0 B	tmp

图2-14 查看文件上传结果

3. 文件列表操作

这一点比较重要，只有在 Java 代码中获取 HDFS 某个目录的文件列表，才能真正意义上去操作。如下为一个 Junit Test 函数来实现这个代码过程：

【代码 2-8】 listFiles 测试函数代码

```java
// 罗列目录所有文件
@Test
public void listFiles() throws IOException {
  Path f = new Path("/sample");
  FileStatus[] status = fs.listStatus(f);
  System.out.println("path has all files:");
  for (inti = 0; i<status.length; i++) {
    System.out.println(status[i].getPath().toString());
  }
}
```

执行测试函数成功后，Console 输出信息如图 2-15 所示。

```
<terminated> HDFSDemo.listFiles [JUnit] /Library/Java/JavaVirtualMachines/jdk1.8.0_11
log4j:WARN No appenders could be found for logger (org.apache.hado
log4j:WARN Please initialize the log4j system properly.
log4j:WARN See http://logging.apache.org/log4j/1.2/faq.html#noconf
path has all files:
hdfs://172.168.1.253:9000/sample/sample-wordcount-result
hdfs://172.168.1.253:9000/sample/sample-wordcount.txt
```

图 2-15 文件列表测试结果

当可以获得 HDFS 文件列表时，也可以操作文件了，以删除文件为例，编写的测试代码如下：

【代码 2-9】 deleteFile 测试函数代码

```java
// 删除文件、目录
@Test
public void deleteFile() throws IOException {
Path f = new Path("/README.txt ");
  boolean isExists = fs.exists(f);
  if (isExists) { //if exists, delete
    boolean isDel = fs.delete(f,true);
    System.out.println("path   delete? \t" + isDel);
```

```
    } else {
      System.out.println("path exist? \t" + isExists);
    }
}
```

执行测试函数对比文件系统的目录结果,发现文件已经删除,如图 2-16 所示。

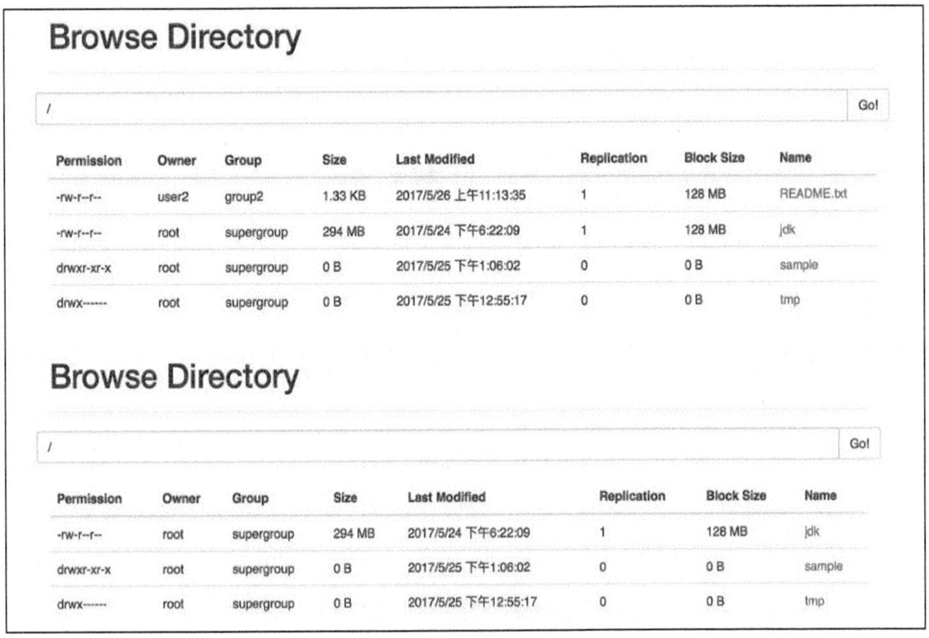

图2-16 查看删除文件

2.2.3 任务回顾

知识点总结

1. HDFS Shell 操作。
2. HDFS Java API 调用。

学习足迹

项目 2 任务二的学习足迹如图 2-17 所示。

思考与练习

1. 参考 Hadoop 官网,尝试其他的 HDFS Shell 操作。

2. 编写 Junit 测试代码，实现删除 HDFS 文件或目录功能。

图2-17　项目2任务二学习足迹

2.3　任务三：MapReduce 开发实战

【任务描述】

我们的系统数据及测试数据可以使用 HDFS 进行分布式存储，并保留多个副本，保证数据的高可靠性。Hadoop 的分布式计算框架——MapReduce，可以让我们分析和计算存储在 HDFS 上的数据，并将输出结果保存在 HDFS 上。本次任务，我们将先熟悉 MapReduce 的相关概念和工作流程，然后通过小批量数据对 MapReduce 实战开发。

说明：因为这里使用的是 Hadoop 2.x，所以 MapReduce 是运行在 Yarn 框架上的 MapReduce2，以下所讲到的 MapReduce，统一指的是 MapReduce2。

2.3.1　MapReduce工作机制

MapReduce 是 Hadoop 运行大数据集计算的一个分布式框架，其编程遵循特定的流程，需按照要求编写 mapper 函数和 reducer 函数，有时还需要编写 combiner 函数和 partitioner 函数（这里暂时不用讲解上述函数的具体作用，后续会通过实战的方式加以说明），然后将函数按照一定的规则组合在一起，形成一个作业。这时需要编写一个单元测试函数以确保函数能达到预期的效果。最后，将编写好的代码打成 jar 包，并使用一个很小的测试数据集测试。一旦程序按照预期通过了小型数据集的测试，即可考虑将其放到生产集群上运行。当运行程序在集群上对整个数据集测试时，可能会出现很多问题，这时可以采用拓展测试用例的方式，继续改进 mapper 函数和 reducer 函数。

在编写 mapper 函数和 reducer 函数之前，需要先熟悉 MapReduce 的工作机制，了解作业在集群上的运行步骤以及每一个步骤的作用。

1. MapReduce 作业运行机制

把一次分布式计算任务理解为工作，需要使用多个 MapReduce 来协调完成工作。每一个 MapReduce 在工作时主要经历两个阶段：map 阶段和 reduce 阶段，这两个阶段分别对应 mapper 函数和 reducer 函数。

map 的数量受 mapred.tasktracker.map.tasks.maximum 属性控制，默认数量为 2；reduce 的数量受 mapred.tasktracker.reduce.tasks.maximum 属性控制，默认数量也是 2。可以通过修改两者的属性来控制 map 和 reduce 的数量，但是由于 map 任务和 reduce 任务需要启动独立的 JVM 来运行，而 JVM 的数量直接取决于系统的内存资源，所以 map 和 reduce 的数量不宜过大。当然，也可以设置 JVM 虚拟机内存，系统分配给每个 JVM 的内存大小由 mapred.child.java.opts 属性决定，默认分配的内存大小是 200MB。JVM 的内存大小直接决定了任务的运行效率，最好在系统内存拓展的情况下再修改这个属性。

MapReduce1 是一个非常经典的计算框架，但是当节点数量超出 4000 个时，便会出现扩展瓶颈的问题，这也是 Hadoop 1.x 的局限性。因此在 2010 年，雅虎开发团队就着手设计了下一代 MapReduce 框架，它被命名为 YARN（Yet Another Resource Negotiator 的缩写）。它通过将输入数据转化为键值对的方式进行计算，并将计算结果以键值对的方式输出。

YARN 在现在被认为不仅仅是一个分布式计算框架，而是一个资源管理框架，它具有很强的拓展性，在 YARN 上不仅可以运行 MapReduce，还可以运行 Tez 等其他框架，甚至可以同时运行不同版本的 MapReduce 框架。YARN 有两个主要的守护进程：管理集群上资源使用情况的资源管理器和管理集群上运行任务生命周期的应用管理器。这两个守护进程互相协调集群上的计算资源然后进行合理的分配，并监控每个 map 任务和 reduce 任务的运行情况。

YARN 上的 MapReduce 相比经典的 MapReduce 1 包含了更多的实体，分别是：

① 客户端负责提交 MapReduce 作业；

② YARN 资源管理器负责协调集群的计算资源并分配；

③ YARN 节点管理器负责启动和监视各个节点的计算资源、运行状况；

④ MRAppMaster 负责协调运行 MapReduce 作业的任务；

⑤ 分布式文件系统即 HDFS，负责与其他实体共享作业文本。

如图 2-18 所示，是 YARN 运行 MapReduce 的原理详细介绍运行 Job 内部的步骤。

2. Job 的运行步骤

在集群上运行一个 Job 主要分为 6 个大的步骤，11 个小步骤，如图 2-18 所示。下面介绍 6 大步骤具体内容。

（1）作业提交

当提交一个作业时，如图 2-18 的步骤 1 所示，YARN 会调用用户 API，从资源管理器获得一个 Job ID（或 Application ID）。然后客户端检查作业的输出说明，计算输入分片，并将作业资源（包括作业 JAR、配置和分片信息）复制到 HDFS，如图 2-18 的步骤 3 所示。最后，客户端调用资源管理器上的 submitApplication() 方法提交作业，如图 2-18 的步骤 4 所示。

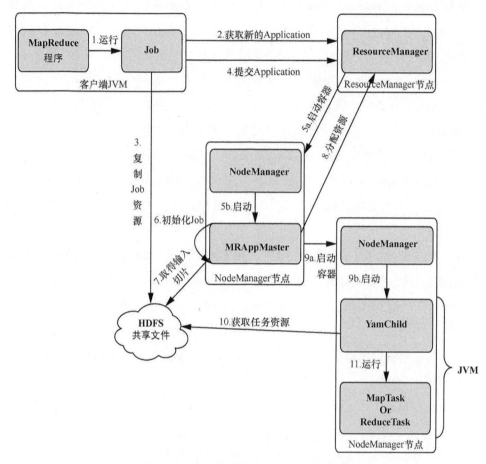

图2-18　YARN运行MapReduce的原理

（2）作业初始化

当资源管理器收到客户端提交的作业后，便将请求传递给调度器，调度器为作业在 NodeManager 上分配一个容器，然后启动 MRAppMaster 进程，如图 2-18 的步骤 5a 和 5b 所示。

MRAppMaster 即为 MapReduce Application Master，其本质上是一个 Java 应用程序，其 main 函数类为 MRAppMaster。MRAppMaster 通过创建多个簿记对象跟踪作业的进度，包括对作业的初始化、接受任务进度和任务完成报告，如图 2-18 的步骤 6 所示。作业所需的文件资源借助 HDFS 实现文件共享，并以切片的方式读取数据，并作为 map 任务的输入数据来源如图 2-18 的步骤 7 所示。有多少个输入切片，MapReduce 就会自动创建多少个 map 任务，而 reduce 任务的数量受 mapreduce.job.reduces 属性的控制。

下面具体介绍 map 任务和 reduce 任务的作用，如图 2-19 所示，是从 map 任务阶段到 reduce 任务阶段的一个流程图。从图中可以很清晰地看到 map 和 reduce 的任务阶段过程。

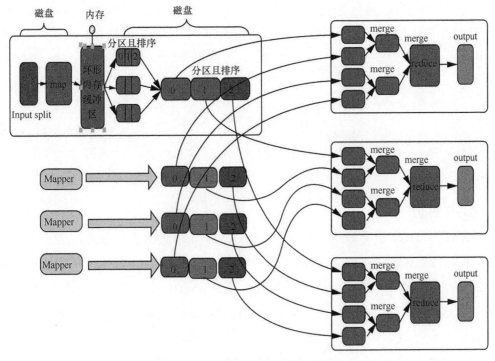

图 2-19　MapReduce 任务执行流程

map 阶段：<k1, v1> → <k2, v2s>

map 获取 HDPS 的输入切片数据，为了提高效率，map 会先将输出结果写入内存，而这个内存区域称之为"环形内存缓冲区"，其默认大小为 100MB。当缓存达到一定阈值的时候（MapReduce 中默认的阈值是 80MB），数据会自动溢写到磁盘，并形成一个一个分区且排序的小文件，当数据全部输出完毕之后，再进行一次分区且排序的工作，从而形成完整的输出文件。

reduce 阶段：<k2,v2s> → <k3,v3>

reduce 阶段接收 map 阶段的输出数据作为输入数据，并将相同分区的数据进行合并，从而获得 reduce 的输入数据源，带有 reduce 结果的数据会存储到 HDFS 上。

> ▶ 【知识引申】：分区和排序的定义
>
> 分区和排序是由 Shuffle 来完成的，Shuffle 是 MapReduce 过程的核心，是处于 map 和 reduce 之间的一个比较复杂的处理过程，具体执行过程是在 map 输出后到 reduce 输入之前。
>
> Shuffle 集成了单词计数、数据去重、分区分组、排序、Top K 等算法。Shuffle 的正常用法是洗牌或打乱顺序，大家可能会知道 Java API 里的 Collections.shuffle(List) 方法，其会随机地打乱参数 List 里的元素顺序。其实你可以将其理解为一个封闭的盒子，它负责将 map 的输出数据进行删选和整理，然后将处理后的数据作为 reduce 的输入数据。
>
> 了解 Shuffle 非常有助于理解 MapReduce 的工作原理，Shuffle 是 YARN 结构的一个非常核心的组件，Shuffle 对整个 YARN 的架构、工作原理和内部实现进行了详细的分析。

（3）任务分配

MRAppMaster 决定如何运行构成 MapReduce 作业的各个任务，当作业比较小时，MRAppMaster 会在一个 JVM 中按顺序运行任务，这样会比在新的容器中运行和分配、并行计算的开销还小，这样的任务就是 uberized 任务。但是在实际生产中，基本不会遇到这样的小任务，MapReduce 只有在处理大量数据的时候才能体现自身的优势。

如果作业不适合以 uberized 任务运行，该作业中的所有 map 任务和 reduce 任务就会通过 MRAppMaster 向资源管理器请求容器，如图 2-18 的步骤 8 所示，并通过心跳机制获取返回的心跳信息，该信息包含 block 块机架服信息、map 任务的输入切片位置等，这决定了 map 获取数据的位置。然后资源调度器使用这些信息进行调度决策，决定将任务分配到哪一个具体的节点以及相应的内存需求（也可以理解为任务槽的形式，任务槽有最大内存分配上限）。默认情况下，map 任务和 reduce 任务都分配 1024MB 的内存，也可以通过 mapreduce.map.memory.mb 和 mapreduce.reduce.memory.mb 来设置（该属性位于 map-site.xml 的配置文件中）。资源调度器的默认分配最小值为 1024MB，可通过设置上述属性来获得 1GB ～ 10GB 之间任意的 1GB 的倍数的内存容量。如果设置的属性不是 1GB 的倍数，资源调度器会使用最接近的倍数进行分配。

（4）任务执行

当资源调度器为 map 任务和 reduce 任务分配容器后，MRAppMaster 会发送消息给 NodeManager，并启动容器，如图 2-18 的步骤 9a 和 9b 所示。MRAppMaster 在执行任务时，需要将任务的资源本地化，包括作业的配置信息、JAR 文件和所有来自分布式缓存的文件，如图 2-18 的步骤 10 所示。然后再运行 map 任务或 reduce 任务，如图 2-18 的步骤 11 所示，具体的任务都是由 YarnChild Java 主程序来执行。

（5）进度和状态更新

YarnChild 在执行任务时，会每隔 3 秒会通过 umbilical 接口向 MRAppMaster 汇报进度和状态。客户端每一秒查询一次 MRAppMaster 接收更新进度的信息，这部分信息一般会暴露给用户。客户端的查询时间可以通过 mapreduce.client.progressmonitor.pollinternal 属性设置。

（6）作业完成

除此之外，客户端还会每隔 5 秒（通过对 mapreduce.client.completion.pollinternal 属性修改也可以更改时间属性）检查作业是否已完成，检查过程是通过调用 waitForCompletion() 函数来完成的。作业完成后，与作业相关的缓存数据和信息不会被系统保存，MRAppMaster 和任务运行的容器也会清除和管理自身的工作状态，MRAppMaster 会调用 OutputCommitter() 对数据清理。作业的历史信息会作为历史数据保存在作业历史服务器上，方便用户查看历史任务等相关信息。

3. Job 运行失败

在测试环境中使用少量数据集进行代码测试可以得到理想的结果，而实际情况是，用户代码抛出异常、进程崩溃、机器故障等。汇总 MapReduce 运行失败的情况，主要分为四个方面。

（1）任务运行失败

JVM 在运行 map 任务或 reduce 任务时，可能会出现运行异常而突然退出，此时该任务会反馈给 MRAppMaster 并标记为失败。但这并不意味着该任务已经执行失败，失败的任务会被重新调起执行，在进行 4 次尝试后才会被认为是失败的任务。

（2）MRAppMaster 运行失败

MRAppMaster 是通过心跳机制检测运行失败与否，其会定期向资源管理器发送心跳信息。如果 MRAppMaster 发生故障无法发送心跳，资源管理器将检测到该故障并在一个新的容器中开始一个新的 MRAppMaster 实例。失败的 MRAppMaster 实例中的任务状态我们可以通过 yarn.app.mapreduce.am.job.recovery.enable 属性设置，MRAppMaster 值为 true 时，新的 MRAppMaster 实例可以获取失败的 MRAppMaster 实例中的任务状态，而不必重新执行一遍所有的任务。

在任务进度更新时，客户端会定期向 MRAppMaster 发送轮训进度报告，如果 MRAppMaster 运行失败，在发送轮训报告时会提示请求超时，客户端会向资源管理器请求新的 MRAppMaster 地址并缓存。

（3）NodeManager 运行失败

如果 NodeManager 运行失败，就会停止向资源管理器发送心跳信息，并被移出可用节点资源管理器池。在 NodeManager 上运行的所有任务或 MRAppMaster 可以参考上述两个方式处理。如果一个 NodeManager 运行任务的失败次数过高，当默认值为 3 次时，那么该 NodeManager 将会被 MRAppMaster 拉入黑名单，该黑名单由 MRAppMaster 管理。失败的任务次数可以通过 mapreduce.job.maxtaskfailures.per.tracker 设置。

（4）ResouceManager 运行失败

ResouceManager 运行失败是非常严重的，我们的 NodeManager、MRAppMaster、作业和任务容器都将无法启动。为了避免出现这种情况，在搭建生产环境的时候就要考虑到这个问题。最新的 Hadoop 已经解决了这个问题，我们只需要在部署生产环境的时候搭建多个 ResouceManager 实现其高可用性。

2.3.2 MapReduce开发实战

在熟悉了 MapReduce 的工作机制后，选取电商系统中的小批量数据——用户通过手机上网访问后台数据作为样本数据，然后编写 MapReduce 代码来对这部分数据分析。首先分析样本数据，截取数据的字段，留下需要的数据，数据格式如图 2-20 所示。

```
1363157985066    13726230503    00-FD-07-A4-72-B8:CMCC         120.196.100.82    2481         24681         200
1363157995052    13826544101    5C-0E-8B-C7-F1-E0:CMCC         120.197.40.4      264 0        200
1363157991076    13926435656    20-10-7A-28-CC-0A:CMCC         120.196.100.99    132 1512     200
1363154400022    13926251106    5C-0E-8B-8B-B1-50:CMCC         120.197.40.4      240 0        200
1363157993044    18211575961    94-71-AC-CD-E6-18:CMCC-EASY    120.196.100.99    1527         2106          200
1363157995074    84138413       5C-0E-8B-8C-E8-20:7DaysInn     120.197.40.4      4116         1432          200
1363157993055    13560439658    C4-17-FE-BA-DE-D9:CMCC         120.196.100.99    1116         954 200
1363157995033    15920133257    5C-0E-8B-C7-BA-20:CMCC         120.197.40.4      3156         2936          200
1363157983019    13719199419    68-A1-B7-03-07-B1:CMCC-EASY    120.196.100.82    240 0        200
1363157984041    13660577991    5C-0E-8B-92-5C-20:CMCC-EASY    120.197.40.4      6960         690 200
1363157973098    15013685858    5C-0E-8B-C7-F7-90:CMCC         120.197.40.4      3659         3538          200
1363157986029    15989002119    E8-99-C4-4E-93-E0:CMCC-EASY    120.196.100.99    1938         180 200
1363157992093    13560439658    C4-17-FE-BA-DE-D9:CMCC         120.196.100.99    918 4938     200
1363157986041    13480253104    5C-0E-8B-C7-FC-80:CMCC-EASY    120.197.40.4      180 180 200
1363157984040    13602846565    5C-0E-8B-8B-B6-00:CMCC         120.197.40.4      1938         2910          200
1363157995093    13922314466    00-FD-07-A2-EC-BA:CMCC         120.196.100.82    3008         3720          200
1363157982040    13502468823    5C-0A-5B-6A-0B-D4:CMCC-EASY    120.196.100.99    7335         110349        200
```

图2-20　手机上网数据格式

字段信息与含义对照见表2-3。

表2-3 字段位置信息描述

序号	字段位置	字段含义
1	1	手机号码
2	2	mac地址
3	3	访问IP
4	4	上行上网流量
5	5	下行上网流量
6	6	网页状态

这些数据通过MapReduce分析，最终得到该用户的上网总流量数据，但是用户信息部分我希望用Java Bean的形式体现。

1. 环境搭建

打开IDEA，选择"Create New Project"，如图2-21所示，在左侧列表，我们选择"Maven"，勾选"Create from archetype"选项，在列表中选择"org.apache.camel.archetype:camel-archetype-java"。

图2-21 新建Maven项目

单击"Next"进入图 2-22 所示的界面,填写项目 groupId、ArtifactId 和 Version 等信息。groupId 和 artifactId 是项目的坐标信息,保证了项目的唯一性,这里填写 GroupId 为 "com.huatec.dc",ArtifacId 为 "PhoneDataCount",Version 为项目的版本信息,使用默认配置即可。其他直接下一步,完成项目的创建工作。

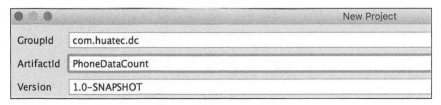

图2-22　填写Maven项目信息

2. 添加环境依赖

项目采用 Maven 的方式构建,使用 maven 为项目添加与 hadoop 开发的相关依赖包,在 pom.xml 文件的 <dependencies> 节点下添加如下内容,代码如下:

【代码 2-10】　maven hadoop 依赖

```xml
<dependency>
<groupId>org.apache.hadoop</groupId>
<artifactId>hadoop-common</artifactId>
<version>2.7.3</version>
</dependency>

<dependency>
<groupId>org.apache.hadoop</groupId>
<artifactId>hadoop-hdfs</artifactId>
<version>2.7.3</version>
</dependency>

<dependency>
<groupId>org.apache.hadoop</groupId>
<artifactId>hadoop-mapreduce-client-core</artifactId>
<version>2.7.3</version>
</dependency>
```

3. 序列化

我们序列化 Java Bean,用于显示数据,Java Bean 的代码如下所示:

【代码 2-11】 DataBean

```java
public class DataBean implements Writable {
    private String tel; // 手机号码
    private long upPayLoad; // 上行流量
    private long downPayLoad;    // 下行流量
    private long totalPayLoad;   // 总流量
    public DataBean(){}
    public DataBean(String tel, long upPayLoad, long downPayLoad) {
        super();
        this.tel = tel;
        this.upPayLoad = upPayLoad;
        this.downPayLoad = downPayLoad;
        this.totalPayLoad = upPayLoad + downPayLoad;
    }
    @Override
    public String toString() {
        return this.upPayLoad + "\t" + this.downPayLoad + "\t" + this.totalPayLoad;
    }
    // 序列化
    @Override
    public void write(DataOutput out) throws IOException {
        out.writeUTF(tel);
        out.writeLong(upPayLoad);
        out.writeLong(downPayLoad);
        out.writeLong(totalPayLoad);
    }
    // 反序列化
    @Override
    public void readFields(DataInput in) throws IOException {
        this.tel = in.readUTF();
        this.upPayLoad = in.readLong();
        this.downPayLoad = in.readLong();
        this.totalPayLoad = in.readLong();
    }
    public String getTel() {
```

```java
        return tel;
    }
    public void setTel(String tel) {
        this.tel = tel;
    }
    public long getUpPayLoad() {
        return upPayLoad;
    }
    public void setUpPayLoad(long upPayLoad) {
        this.upPayLoad = upPayLoad;
    }
    public long getDownPayLoad() {
        return downPayLoad;
    }
    public void setDownPayLoad(long downPayLoad) {
        this.downPayLoad = downPayLoad;
    }
    public long getTotalPayLoad() {
        return totalPayLoad;
    }
    public void setTotalPayLoad(long totalPayLoad) {
        this.totalPayLoad = totalPayLoad;
    }
}
```

Hadoop 的序列化机制，需要实现 Hadoop 提供的 Writable 接口，主要重写两个方法：public void write(DataOutput out) 用于序列化操作，public void readFields(DataInput in) 用于反序列化操作。

定义 DataBean 中几个部分变量，分别为手机号码、上行流量、下行流量和总流量，其中总流量是计算出来的。然后添加构造函数、一些 set 和 get 方法，为了方便查看 Bean 对象，还需要重写 toString() 方法。

4. 编写 map 函数和 reduce 函数

MapReduce 的离线分析计算是通过 map 函数和 reduce 函数来完成的。首先编写 map 函数，这是 Mapper 抽象类的方法，需要写一个类继承该类。在继承 Mapper 类的时候，需要制定 4 个数据类型，分别指的是 <k1, v1> 和 <k2,v2> 的数据类型，即 Mapper 阶段的输入数据类型和输出数据类型。

键 k1 是指数据的偏移量用于分割每一个字段信息，所以 k1 是 Long 类型，在 MapReduce 中，使用 LongWritable 表示 Long 类型；而键 v2 是被分割的每一个数据，自然是文本类型，在 MapReduce 中，Text 表示文本类型，输出的数据键值对形式，键 k2 是手机号码，方便对数据统计，一个手机号码是可以有多次上网记录的；输出数据的 v2 以 DataBean 的形式输出，输出数据类型也就确定了。

整个 DCMapper 类的代码如下所示：

【代码 2-12】 DCMapper

```java
private class DCMapper extends Mapper<LongWritable, Text, Text, DataBean> {
    @Override
    protected void map(LongWritable key, Text value, Context context)
            throws IOException, InterruptedException {
        // 获取数据
        String line = value.toString();
        // 拆分数据
        String[] fields = line.split("\t");
        String tel = fields[1];
        long up = Long.parseLong(fields[4]);
        long down = Long.parseLong(fields[5]);
        DataBean bean = new DataBean(tel, up, down);
        // 发送数据
        context.write(new Text(tel), bean);
    }
}
```

在 map 函数中，使用 String line = value.toString() 代码获取数据源中每一行的记录，然后使用 "\t" 标识符拆分（这个需要和文件字段的分割符保持一致，数据源是使用 "\t" 进行拆分的）。每一行的数据在拆分后是一个字符串数组，数组的每一个元素是一个字段的内容。从表 2-3 中可以得知，手机号码是第一个元素，以字符串的形式接收；取出上行流量和下行流量后将其转换为 Long 类型，由于 DataBean 定义该属性为 Long 类型，并且这两个字段在后面是会参与运算的。将取出的元素封装到定义好的 DataBean 对象中，然后发给 Reducer。

下面是编写 reduce 函数代码，reduce 函数先接收 map 函数发送过来的数据，然后进行统计，根据简单的计算，然后将最终结果输出到 HDFS 上。

整个 DCReducer 类的代码如下所示：

【代码 2-13】 DCReducer

```java
    private class DCReducer extends Reducer<Text, DataBean, Text, DataBean>
{
        @Override
        protected void reduce(Text key, Iterable<DataBean> values,
Context context)
                throws IOException, InterruptedException {
            // 定义2个变量用于统计
            long up_sum = 0;
            long down_sum = 0;
            for (DataBean bean : values) {
                up_sum += bean.getUpPayLoad();
                down_sum += bean.getDownPayLoad();
            }
            DataBean bean = new DataBean("", up_sum, down_sum);
            context.write(key, bean);
        }
    }
```

reduce 函数接收 map 函数发送过来的数据，因为 MapReduce 会对发送的所有数据进行简单的统计处理，所以 reduce 函数接收到的数据是一个数据集。这里所看到的接收数据是按照键统计的，所以值是一个迭代器，可以通过迭代的方式取出数据。

因为会存在同一个用户多次访问网络的情况，所以需要对同一个用户的上网流量进行统计。通过定义两个 Long 变量 up_sum 和 down_sum，分别统计上行流量和下行流量，然后将统计结果封装到 DataBean 中，想要的结果就可以得出，将结果按照键值对输出，键直接用接收到的键表示，也就是手机号码。

5. 打包和测试

首先，将测试数据集文件上传到 HDFS。代码如下所示：

【代码 2-14】 HDFS 文件上传

```
 [root@huatec01 ~]# hadoop fs -put HTTP_PHONE_DATA_20170313143750.dat /
 put: Cannot create file/HTTP_PHONE_DATA_20170313143750.dat._COPYING_. Name node is in safe mode.
 [root@huatec01 ~]# hadoop dfsadmin -safemode leave
 DEPRECATED: Use of this script to execute hdfs command is deprecated.
```

```
Instead use the hdfs command for it.
Safe mode is OFF
[root@huatec01 ~]# hadoop fs -put HTTP_PHONE_DATA_20170313143750.dat /
[root@huatec01 ~]# hadoop fs -ls /
Found 4 items
-rw-r--r--   1 root supergroup       1764 2017-11-22 03:30 /HTTP_
PHONE_DATA_20170313143750.dat
drwxr-xr-x   - root supergroup          0 2017-11-15 02:16 /out
-rw-r--r--   1 root supergroup         42 2017-11-15 02:11 /test.txt
drwx------   - root supergroup          0 2017-11-15 02:13 /tmp
```

在执行文件上传的时候，发现提示上传出错的信息。这是由于 NameNode 目前处于安全模式所导致的。

【知识引申】

为什么 NameNode 会处于安全模式呢？

① NameNode 发现集群中 DataNode 丢失达到一定比例（0.01%）时会进入安全模式，此时只允许查看数据不允许对数据进行任何操作。

② HDFS 集群即使启动正常，启动后依然会进入安全模式，这时不需要理会，稍等片刻即可。

③ 在集群升级维护时，手动进入安全模式，命令如下：

hadoop dfsadmin –safemode enter

这样退出安全模式呢：

hadoop dfsadmin –safemode leave

将代码打成 jar 包，并上传到 HDFS。Maven 提供了打包的 plugin，在 pom.xml 文件中添加如下代码：

【代码2-15】 maven 打包插件配置

```
<build>
<defaultGoal>install</defaultGoal>
<plugins>
   ...
<plugin>
```

```xml
<groupId>org.apache.maven.plugins</groupId>
<artifactId>maven-jar-plugin</artifactId>
<configuration>
<archive>
<manifest>
<addClasspath>true</addClasspath>
<useUniqueVersions>false</useUniqueVersions>
<classpathPrefix>lib/</classpathPrefix>
<mainClass>com.huatec.dc.MainApp</mainClass>
</manifest>
</archive>
</configuration>
</plugin>
   ...
</plugins>
</build>
```

然后执行打包的指令，IDEA 为我们集成了 Maven 的常用指令，如图 2-23 所示，选择 "package" 即可完成打包。打好的包位于 target 目录下，如图 2-24 所示。

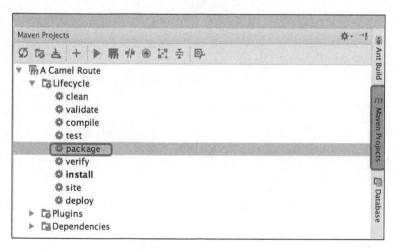

图 2-23　执行打包指令

将打包好的 Jar 文件上传到 huatec01 上，执行测试指令，代码如下所示：

【代码 2-16】　执行 MapReduce 操作

```
hadoop jar PhoneDataCount-1.0-SNAPSHOT.jar
/HTTP_PHONE_DATA_20170313143750.dat /phonedata_out
```

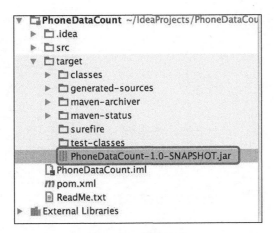

图2-24　查看Jar包

执行过程如图 2-25 所示。

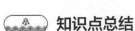

图2-25　执行MapReduce过程

MapReduce 的执行结果会输出到 HDFS 上，我们可以通过浏览器查看最终的结果文件。

2.3.3　任务回顾

知识点总结

1. MapReduce 作业运行机制与原理分析。

2. MapReduce 执行过程中的 Job 运行流程。

3. Job 运行失败可能导致的原因。

4. MapReduce 实战编程及项目打包与运行流程。

学习足迹

项目 2 任务三的学习足迹如图 2-26 所示。

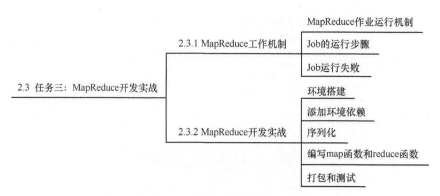

图2-26 项目2任务三学习足迹

 思考与练习

1. 描述 MapReduce 的运行原理。

2. 如何控制 MapReduce 运行时的 Map 数量和 Reduce 数量。

3. Map 阶段和 reduce 阶段分别负责什么？在 map 阶段和 reduce 阶段之间需要经历 Shuffle 阶段，请问 Shuffle 阶段是运行在 map 阶段还是 reduce 阶段，并分别说明原因。

2.4 项目总结

通过本项目学习，对 Hadoop 的体系结构、基本原理、shell 操作及 API 接口调用有了系统性的认识和分析，了解了 Hadoop 有哪些文件系统，HDFS 的分布式文件系统的内部是如何进行数据的存储和读取的。并通过 shell 接口操作和 Java API 接口操作演示了文件的上传和下载功能，如图 2-27 所示。

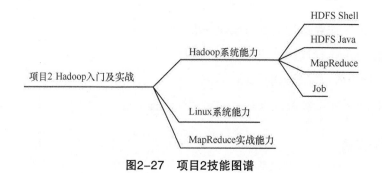

图2-27 项目2技能图谱

2.5 拓展训练

自主分析：使用 MapReduce 实现词频统计的功能。

◆ 调研要求：

在项目 1 的任务 2 中，我们搭建了 Hadoop 伪分布式环境，并使用 Hadoop 自带的 wordcount 示例 jar 对词频统计。词频统计是 MapReduce 的入门示例程序，这里请仿照本项目 2.3.2 小节，编写 MapReduce 代码实现词频统计功能。

◆ 格式要求：使用 IDEA 开发工具，业务流程采用 ppt 的形式展示。

◆ 考核方式：采取提交代码、并以 ppt 的形式对业务流程和代码进行分析，时间要求为 15~20 分钟。

◆ 评估标准：见表 2-4。

表2-4 拓展训练评估表

项目名称： 使用MapReduce实现词频统计的功能	项目承接人 姓名：	日期：
项目要求	评价标准	得分情况
总体要求： ① 编写map阶段代码，进行单词拆分。 ② 编写reduce阶段代码，实现单词统计。 ③ 新建Job任务，可以在代码中直接指定输入和输出路径，也可以在执行jar的时候动态指定	① map函数代码逻辑合理，功能正确（20分）。 ② reduce函数代码逻辑合理，功能正确（20分）。 ③ 创建Job正确（20分）。 ④ 代码逻辑结构完整，条理清晰，严谨准确、注释清晰（10分）。 ⑤ 打包和执行jar，并成功得到正确的结果（30分）	
评价人	评价说明	备注
个人		
老师		

项目 3

搭建 Zookeeper 运行环境

项目引入

实际上,分布式系统的运行很复杂。昨晚系统运行的时候,网络通信突然中断,节点失效,把我们的运维专家 Windy 忙坏了,对我开启"夺命连环 call"。

> Windy:Snkey,出现问题了,master 挂机,我把以前的数据紧急备份了,可是心里还有些不踏实。
>
> 我:怎么了?
>
> Windy:我担心挂机时的数据与我备份的数据有差异啊,如果资源访问,万一出现数据不一致,怎么办呢?
>
> 我:哈哈,这个你不用担心,我搭建的环境应用了 Zookeeper,可以保证集群节点的高可用,故障节点自动切换、数据自动迁移,出现这种情况没有问题。

到底 Zookeeper 是什么?下面我将为大家介绍 Zookeeper 技术并通过实战说明 Zookeeper 是如何用于集群搭建的。

知识图谱

项目 3 知识图谱如图 3-1 所示。

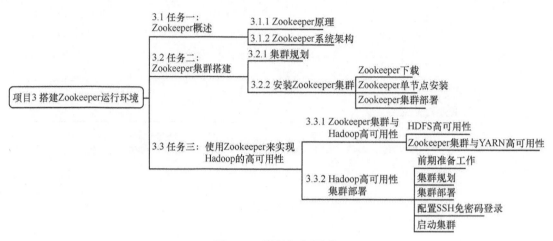

图3-1 项目3知识图谱

3.1 任务一：Zookeeper概述

【任务描述】

Zookeeper是Google的Chubby一个开源的实现，Zookeeper的目标就是封装好复杂易出错的关键服务，将简单易用的接口和性能高效、功能稳定的系统提供给用户。目前，Zookeeper是Hadoop的一个开源组件，负责分布式协调服务，其包含一个简单的原语集，分布式应用程序可以基于它实现同步服务，配置维护和命名服务等。

Hadoop2.0使用Zookeeper的事件处理确保整个集群只有一个活跃NameNode，存储配置信息等。HBase为了确保整个集群只有一个HMaster，使用了Zookeeper的事件处理，并且监测HRegionServer联机、宕机、存储访问控制列表等。

3.1.1 Zookeeper原理

Zookeeper的分布式协调服务是以Fast Paxos算法为基础的，通过选举机制来确保服务状态的稳定性和可靠性。

Fast Paxos算法是在Paxos算法的基础上进行优化的，Paxos算法存在活锁（多个proposer交错提交，有可能出现互相排斥而导致所有proposer不能提交成功）的问题。而Fast Paxos则通过选举的方式，在整个Zookeeper集群中产生一个leader（领导者），其他都是follower（跟随者），只有leader才能提交proposer。leader永远只有一个，当leader所在的主机宕机了，Zookeeper维持的选举机制会立即从follower中选出一个作为leader，这种选举机制的具体实现，请参考 Fast Paxos 算法。因此，要想弄懂 Zookeeper 首先得对 Fast Paxos 有所了解，下面是对这种选举机制一个简单的分析。

Zookeeper 的选举流程如图 3-2 所示，Zookeeper 集群的选举机制要求集群的节点数量为奇数个，在集群启动的时候，集群中大多数的机器得到响应开始选举，并最终选出一个节点为 leader，其他节点都是 follower，然后进行数据同步。选举 leader 过程中算法有很多，但要达到的选举标准是一致的，leader 要具有最高的执行 ID，类似 root 权限。具体的选举状态过程可以参考图 3-3 进行理解。

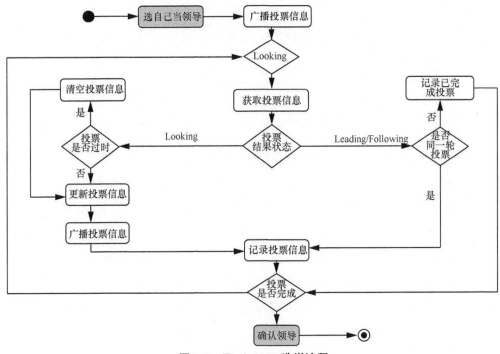

图3-2　Zookeeper选举流程

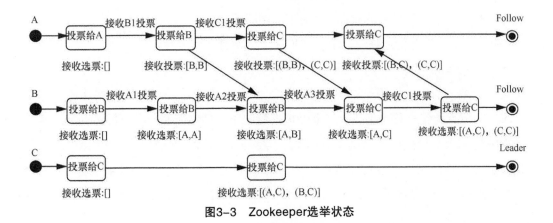

图3-3　Zookeeper选举状态

3.1.2 Zookeeper系统架构

Zookeeper 采用分布式集群的方式对外提供协调服务，首先 Zookeeper 必须以集群的方式来运作，以保证服务的可靠性。Zookeeper 的服务架构图如图 3-4 所示，其中命名为 Server 的是一组 Zookeeper 节点，Client 为访问客户端节点。

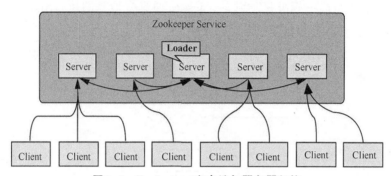

图3-4　Zookeeper客户端与服务器架构

Zookeeper 有一个由 znodes（Zookeeper 的数据节点）组成的类似于文件系统的数据模型。znodes 可以被视为类似 UNIX 的传统系统中的可以有子节点的文件。还有一种方式是将 znodes 看作目录，每一个都可以有与自身相关的数据。每个目录都可以称为一个 znode。

为了快速响应客户端的读取操作的可扩展性，每一个 Zookeeper 服务器的内存中都存储了 znode 的层次结构。事务日志也是 Zookeeper 中最重要的性能组成部分，因为 Zookeeper 服务器在返回一个成功的响应之前必须将事务同步到磁盘，所以每个 Zookeeper 服务器都会在磁盘上维护一个记录，其包含所有写入请求的事务日志。由于存储在 znode 中默认数据的最大值为 1 MB，即使 Zookeeper 的层次结构看起来与文件系统相似，也不应该将其作为一个通用的文件系统。而应该只将其用作少量数据的存储机制，以便为分布式应用程序提供可靠性、可用性和协调性。

Zookeeper 的集群数量是奇数个，我们接下来解释出现此现象的原因。

单节点的集合体不是一个高可用和可靠的系统。两个节点中的一个节点并不是严格意义上的多数，所以对于两个节点的集合体，两个节点都必须已经启动并让服务正常运行。而三个节点的集合体，在其中一个停机的情况下，仍然能够获得正常运行的服务（三个节点中的两个节点是严格意义上的多数）。经过分析，Zookeeper 的集合体中通常包含奇数数量的节点，因为就容错而言，四个节点并不比三个节点更占优势，只要有两个节点停机，Zookeeper 服务便会停止。在有五个节点的集群上，需要三个节点停机才会导致

Zookeeper 服务停止运作。

那么，Zookeeper 集合体中需要有多少个节点，是否越多越好呢。对于读取操作，Zookeeper 服务器的性能不会随着节点数量的变化而变化，因为其始终是在与客户端连接的节点读取的。但成功的写入操作必须保证写入法定数量（保证可靠性的节点数量）的节点。换言之，集群的节点数量越多，就必须将内容写入越多的服务器，但在更多的服务器之间进行协调，写入性能必然就会下降。

Zookeeper 的美妙之处在于，想运行多少服务器完全由部署者自己决定。Zookeeper 运行一台服务器系统不再具有高可靠性。最小的高可靠集群是三个节点，其可以支持在一个节点故障的情况下也不丢失服务，这对于大多数用户而言是可以实施的，也是最常见的部署拓扑。不过，为了安全起见，我们最好在集群中使用五个节点。五个节点的集群可以拿出一台服务器进行维护或滚动升级，并能够在不中断服务的情况下承受第二台服务器的意外故障。因此，在 Zookeeper 集合体中，最典型的节点数量为 3、5、7 个。

3.1.3 任务回顾

知识点总结

1. Zookeeper 选举流程。
2. Zookeeper 系统架构分析。
3. Zookeeper 集群大小分析。

学习足迹

项目 3 任务一的学习足迹如图 3-5 所示。

图 3-5　项目 3 任务一学习足迹

思考与练习

1. 请描述 Zookeeper 的选举机制。
2. Zookeeper 的集群节点数量有什么规律，而最小集群节点数量有几个呢？

3.2 任务二：Zookeeper 集群搭建

【任务描述】

Zookeeper 的分布式协调服务是以集群的方式对外提供的，本次任务我们将通过实战的方式讲述如何规划 Zookeeper 集群并动手搭建最小的 Zookeeper 生产环境。

3.2.1 集群规划

集群是 Zookeeper 最主要的应用场景，当集群中的大多数 Zookeeper 服务启动成功后，总的 Zookeeper 服务便可用。集群节点数最好为奇数，并组成一个最小的 Zookeeper 集群需要 3 台虚拟机（CentOS 7）。此次任务计划用 3 台虚拟机搭建 Zookeeper 集群。集群规划见表 3-1。

表3-1 Zookeeper集群规划

序号	IP	主机名	软件
1	192.168.14.205	huatec05	JDK、Zookeeper
2	192.168.14.206	huatec06	JDK、Zookeeper
3	192.168.14.207	huatec07	JDK、Zookeeper

首先，修改主机名和 IP 的映射关系。

因为 Zookeeper 的运行需要依赖 JDK，所以主机需要有 JDK 环境。首先计划在 huatec05 主机上安装 JDK 开发环境，然后将其复制到另外两台主机上，避免重复性的操作。

步骤 1：上传 JDK

上传 JDK 代码如下：

【代码 3-1】 上传 JDK 到服务器

```
scp/home/zhusheng/JDK-7u80-l inux-x64.tar -C zhusheng @192.168.14.205:/home/zhusheng/
```

步骤 2：安装 JDK

将 JDK 安装到 /usr/local/java 路径下，首先创建该路径。创建 JDK 安装路径如下：

【代码 3-2】 创建 JDK 安装路径

```
mkdir /usr/local/java
```

然后将安装包解压到该路径。安装 JDK 代码如下：

【代码 3-3】 安装 JDK

```
tar -xvf JDK-7u80-linux-x64.tar -C /usr/local/java/
```

步骤 3：配置环境变量

使用 vi /etc/profile 指令打开环境变量配置文件，在文件末尾增加配置 JDK 环境变量，代码如下：

【代码 3-4】 配置 JDK 环境变量

```
export JAVA_HOME=/usr/local/java/JDK1.7.0_80
export PATH=$PATH:$JAVA_HOME/bin
```

保存并退出，代码如下：

【代码 3-5】 使配置生效

```
source/etc/profile
```

执行 source /etc/profile 可以使新配置的环境变量生效。

接下来，检测 JDK 是否安装成功，在任意目录下执行下列代码，如果显示如下内容，表明 JDK 安装成功，同时环境变量也成功配置并生效，代码如下：

【代码 3-6】 检测 JDK 是否安装成功

```
[root@huatec05 zhusheng]# java -version
java version "1.7.0_80"
Java(TM) SE Runtime Environment (build 1.7.0_80-b15)
Java HotSpot(TM) 64-Bit Server VM (build 24.80-b11, mixed mode)
```

步骤 4：拷贝 JDK 开发环境到其他主机

在安装 JDK 的过程中，改变了两个路径，一个是 /usr/local/java/，另一个是 /etc/profile，将这两个目录下的文件分别拷贝到其他主机即可，代码如下：

【代码 3-7】 安装拷贝

```
scp -r /usr/local/java/ root@huatec06:/usr/local/
scp -r /usr/local/java/ root@huatec07:/usr/local/
scp -r /etc/profile root@huatec06:/usr/local/
scp -r /etc/profile root@huatec07:/usr/local/
```

拷贝完成后，在 huatec06 和 huatec07 主机上查看并检验拷贝的文件，如果没有问题，分别执行 source /etc/profile，让环境配置生效，执行 java –version 检验 JDK 是否安装成功。

3.2.2 安装Zookeeper集群

1. Zookeeper 下载

访问 Zookeeper 并下载网站上面提供多个下载链接地址，选择离自己最近的一个下载链接地址进入下载。

在 HTTP 模块下提供了 3 个镜像下载源，以清华大学的镜像库为例进行说明，打开该链接如图 3-6 所示。

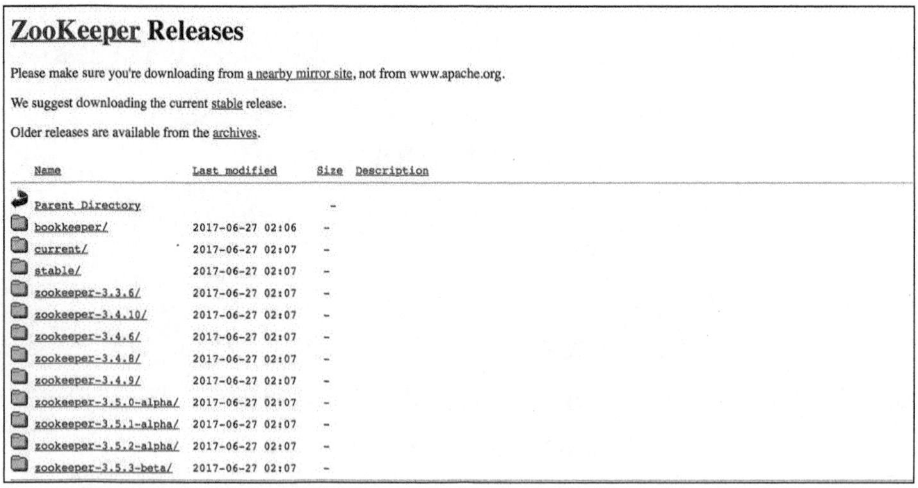

图3-6　Zookeeper镜像下载

上面提供了很多版本的镜像供用户下载，根据需要选择合适的版本进行下载，其中 stable 目录提供最新的稳定版本下载链接。目前最新的稳定版为 3.4.10，因此，本任务中将引用此版本给大家讲解。

2. Zookeeper 单节点安装

Zookeeper 可以在一个节点上安装运行，但是不具备高可靠性。安装过程非常简单。

① 解压 tar xzf Zookeeper-3.4.10.tar.gz，代码如下：

【代码 3-8】　安装 Zookeeper

```
[root@huatec05 ~]#tar xzf zookeeper-3.4.10.tar.gz
```

② 修改配置文件

进入 Zookeeper 安装目录下的 conf 目录，执行如下操作，将默认的模板设置用作配置文件，代码如下：

【代码 3-9】 配置 Zookeeper

```
[root@huatec05 conf]#mv zoo_sample.cfg zoo.cfg
```

③ 启动 Zookeeper 的 Server，代码如下：

【代码 3-10】 启动 Zookeeper

```
[root@huatec05 conf]#sh bin/zkServer.sh start
```

执行上面的指令即可启动 Zookeeper Server 服务；如果想要关闭，输入：sh bin/zkServer.sh stop

④ 进入 Zookeeper 的 Client，代码如下：

【代码 3-11】 进入 znode

```
[root@huatec05 conf]#sh bin/ zkCli.sh
```

znode 是 Zookeeper 的文件系统，负责数据的同步和协调服务，可以在该文件系统中执行一些文件操作，代码如下：

【代码 3-12】 操作 znode

```
>create /dir01 hello
>get /dir01
```

上面的代码在 znode 中创建了一个文件夹，然后使用 get 指令查看该文件夹的信息。

3. Zookeeper 集群部署

部署安装 3 个节点的集群，而 3 个节点的安装过程基本一致，只是有一个文件的内容不同，所以计划在 huatec05 主机上安装 Zookeeper，然后将安装的内容拷贝到另外两台主机上。

在文件系统的根目录下创建一个目录，命名为"huatec"，用于安装 Zookeeper，代码如下：

【代码 3-13】 创建安装目录

```
[root@huatec05]#mkdir /huatec
```

Zookeeper 解压即可完成安装，将下载的压缩包解压到该目录，代码如下：

【代码 3-14】 安装 Zookeeper

```
[root@huatec05]#tar -xvf /home/zhusheng/zookeeper-3.4.10.tar -C /huatec/
[root@huatec05 huatec]# ls
zookeeper-3.4.10
```

进入 /huatec 目录，看到 Zookeeper 已经安装成功。

进入 conf 目录修改配置文件，代码如下：

【代码 3-15】 获得 Zookeeper 配置文件

```
[root@huatec05]# cd /huatec/zookeeper-3.4.10/conf/
[root@huatec05 conf]# cp zoo_sample.cfg zoo.cfg
```

将配置示例文件复制一份进行修改，编辑 vim zoo.cfg 文件，代码如下：

【代码 3-16】 修改 Zookeeper 配置文件

```
dataDir=/huatec/zookeeper-3.4.10/tmp
...
server.1=huatec05:2888:3888
server.2=huatec06:2888:3888
server.3=huatec07:2888:3888
```

然后保存退出。其中，第一项是 Zookeeper 的缓存数据路径。后面的 3 项指定 Zookeeper 集群是哪三台主机，其中，2888 为组成 Zookeeper 服务器之间的通信端口，3888 为用来选举 leader 的端口。

该配置文件的配置选项，其含义说明如下。

① tickTime：服务器与客户端之间交互的基本时间单元（ms）。

② dataDir：保存 Zookeeper 数据路径。

③ dataLogDir：保存 Zookeeper 日志路径，当此配置不存在时默认路径与 dataDir 一致。

④ clientPort：客户端访问 Zookeeper 时经过服务器端时的端口号，使用单机模式时需要注意，在这种配置方式下，如果 Zookeeper 服务器出现故障，Zookeeper 服务将会停止。

⑤ initLimit：此配置表示允许 Follower 连接并同步到 leader 的初始化时间，以 tickTime 的倍数来表示。当超过设置倍数的 tickTime 时间，则连接失败。

⑥ syncLimit：Leader 服务器与 Follower 服务器之间信息同步允许的最大时间间隔；如果超过此间隔，默认 Follower 服务器与 leader 服务器之间断开链接。

⑦ maxClientCnxns：限制连接到 Zookeeper 服务器客户端的数量。

⑧ server.id=host:port:port：集群中的每一台服务器都需要知道其他服务器的信息，而"server.id=host:port:port"就表示了不同的 Zookeeper 节点的自身标识，用户也可从中读取到相关节点的信息。在服务器的 data(dataDir 参数所指定的目录) 下创建一个指定自身 id 值的文件，该文件的内容只有一行，命名为 myid。例如，节点"1"在 myid 文件中写入"1"。而且这个 id 在该集群中只能有一个，大小在 1 ～ 255 之间。在这一配置中，

zoo1 代表第一台服务器的 IP 地址。第一个端口号（port）是从 Follower 连接到 leader 机器的端口，第二个端口是用来进行 leader 选举时所用的端口。所以，在集群配置过程中有 3 个非常重要的端口：clientPort：2181、port:2888、port:3888。

我们可以根据实际情况决定是否修改配置。

在配置文件中使用的 tmp 目录并不存在，需要手动创建，代码如下：

【代码 3-17】 创建 Zookeeper 缓存目录

```
[root@huatec05] #mkdir /huatec/zookeeper-3.4.10/tmp
```

此任务在配置文件中指定了 3 个 server，分别对应集群的 3 台虚拟机，其编号按照 1、2、3 表示，但是当前虚拟机并不知道自己属于第几号虚拟机，所以需要再创建一个 myid 文件，用于指定当前虚拟机属于第几个编号虚拟机，代码如下：

【代码 3-18】 创建 myid

```
[root@huatec05]#touch /huatec/zookeeper-3.4.10/tmp/myid
[root@huatec05]#echo 1> /huatec/zookeeper-3.4.10/tmp/myid
```

在上面的代码中，创建一个 myid 文件，然后写入数字"1"。至此，已经完成一个节点上的 Zookeeper 安装与配置。

接下来，将配置好的 Zookeeper 安装目录拷贝到另外两个节点上，代码如下：

【代码 3-19】 拷贝 Zookeeper 安装目录

```
[root@huatec05] #scp -r /huatec/ root@huatec06:/
[root@huatec05] #scp -r /huatec/ root@huatec07:/
```

然后修改对应主机上的 myid 文件内容，代码如下：

【代码 3-20】 修改 myid

```
//huatec06:
[root@huatec06] #echo 2 > /huatec/zookeeper-3.4.10/tmp/myid
//huatec07:
[root@huatec07] #echo 3 > /huatec/zookeeper-3.4.10/tmp/myid
```

还需要设置 huatec05、huatec06、huatec07 之间的 ssh 免密码登录，以保证各个虚拟机之间可以相互通信。

设置完免密码登录后，完成了 Zookeeper 集群的配置，可以分别在每台机器上启动 Zookeeper，在 huatec05 上启动 Zookeeper server，代码如下：

【代码 3-21】 启动 Zookeeper

```
[root@huatec05 /]# cd /huatec/zookeeper-3.4.10/bin/
[root@huatec05 bin]# ls
README.txt  zkCleanup.sh  zkCli.cmd  zkCli.sh  zkEnv.cmd  zkEnv.sh
zkServer.cmd  zkServer.sh
[root@huatec05 bin]# ./zkServer.sh start
Zookeeper JMX enabled by default
Using config: /huatec/zookeeper-3.4.10/bin/../conf/zoo.cfg
Starting Zookeeper ... STARTED
[root@huatec05 bin]#
```

说明：如果想在任意目录下都可以执行 Zookeeper/bin 下的启动、停止脚本，可以将其配置为系统环境变量。

同理，在 huatec06、huatec07 上启动 Zookeeper server，然后分别查看 3 个节点的 Zookeeper 状态，看谁是 leader，谁是 follower。这时要通过这样来判断集群是否启动成功并完成，代码如下：

【代码 3-22】 查看 Zookeeper 启动状态

```
[root@huatec05 bin]# /huatec/zookeeper-3.4.10/bin/zkServer.sh status
JMX enabled by default
Using config: /huatec/zookeeper-3.4.10/bin/../conf/zoo.cfg
Mode: leader
[root@huatec06 bin]# /huatec/zookeeper-3.4.10/bin/zkServer.sh status
JMX enabled by default
Using config: /huatec/zookeeper-3.4.10/bin/../conf/zoo.cfg
Mode: follower
[root@huatec07 bin]# /huatec/zookeeper-3.4.10/bin/zkServer.sh status
JMX enabled by default
Using config: /huatec/zookeeper-3.4.10/bin/../conf/zoo.cfg
Mode: follower
```

从上面的执行结果可以看出，Zookeeper 集群已经启动成功了。其中，huatec05 节点成了 leader，huatec06、huatec07 这两个节点成为了 Follower。

说明：前面说到 3 个节点的 Zookeeper 集群是允许有一个节点宕机的异常出现的，通过 kill 命令手动结束其中一个节点的进程来测试。如果 kill 命令结束的是 leader 进程，那么 Zookeeper 将在剩下的两个 Follower 节点中选出一个作为新的 leader。

3.2.3 任务回顾

知识点总结

1. Zookeeper 单节点安装。

2. Zookeeper 集群规划与部署。

3. Zookeeper 配置文件说明。

学习足迹

项目 3 任务二的学习足迹如图 3-7 所示。

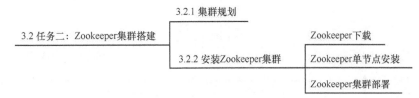

图3-7 项目3任务二学习足迹

思考与练习

请说明 initLimit 属性的含义。

3.3 任务三：使用 Zookeeper 来实现 Hadoop 的高可用性

【任务描述】

在实际的生产环境中，我们需要使用 Zookeeper 集群来保证 Hadoop 集群的高可用性，其主要体现在 HDFS 和 YARN 两方面。使用 Zookeeper 集群的分布式协调服务的其他部分节点需要使用一个进程 ZKFailoverController 来进行协调。

3.3.1 Zookeeper集群与Hadoop高可用性

1. HDFS 高可用性

进程 ZKFailoverController 是一个 Zookeeper 集群的客户端。该进程存在于部署了

NameNode 的节点(可以是 Active 的 NameNode 节点,也可以是 Standby 的 NameNode 节点)中,用于监控 HDFS NameNode 的状态信息。

NameNode 的 ZKFC 与 Zookeeper 建立起了连接,在 Zookeeper 中"/hadoop-ha"下创建 znode 目录,并且将主机名等信息保存到该目录中。哪一个 NameNode 节点先创建 znode 目录就为主节点,其他为备节点。备用的 NameNode 通过 Zookeeper 定时读取主 NameNode 信息。当主节点进程出现异常而结束时,NameNodeStandby 通过 Zookeeper 感知"/hadoop-ha"目录下发生的变化,并会自动切换主备 NameNode,如图 3-8 所示。

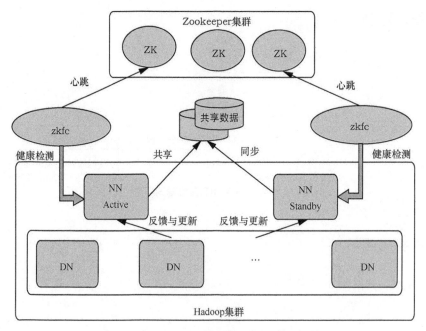

图3-8　Zookeeper集群与HDFS高可用性

2. Zookeeper 集群与 YARN 高可用性

Zookeeper 对 YARN 的高可用性原理与 HDFS 十分相似,其实时监测 ResourceManager 的状态,并自动实现主备切换,如图 3-9 所示。启动 yarn 系统后,ResourceManager 会尝试把选举信息写入 Zookeeper,Active ResourceManager 即为第一个成功写入 Zookeeper 的 ResourceManager,另一个为 Standby ResourceManager。Standby ResourceManager 定时 Zookeeper 监控 Active ResourceManager 选举信息。

Active ResourceManager 还会在 Zookeeper 中创建存储 Application 相关信息的 Statestore 目录。如果 Active ResourceManager 产生故障,Standby ResourceManager 会从 Statestore 目录获取 Application 相关信息,恢复数据并升为 Active。

图3-9　Zookeeper集群与YARN高可用性

3.3.2　Hadoop高可用性集群部署

1. 前期准备工作

部署集群之前，需要做一些准备工作，这些准备工作在前文中已讲到，主要有以下几点：

① 修改 Linux 主机名，本文采用的是 CentOS 7 镜像；

② 修改 IP 地址；

③ 修改主机名和 IP 地址的映射关系。注意，如果 Hadoop 采用的是租用的服务器或云主机（如华为云主机、阿里云主机等），/etc/hosts 文件里要配置内网 IP 地址和主机名的映射关系；

④ 关闭防火墙；

⑤ 安装 JDK；

⑥ 安装 Zookeeper 集群。

第 3.2.2 小节已部署了 Zookeeper 集群环境，而且它的集群部署规划和 Hadoop 高可用集群部署规划是吻合的。

2. 集群规划

集群规划初期采用 7 台主机，后期可以根据实际业务需求进行拓展。整个集群的规划见表 3-2。

表3-2　Hadoop集群规划

序号	主机名	IP地址	安装的软件	运行的进程
1	huatec01	192.168.14.201	jdk、hadoop	NameNode、zkfc
2	huatec02	192.168.14.202	jdk、hadoop	NameNode、zkfc
3	huatec03	192.168.14.203	jdk、hadoop	ResourceManager
4	huatec04	192.168.14.204	jdk、hadoop	ResourceManager

(续表)

序号	主机名	IP地址	安装的软件	运行的进程
5	huatec05	192.168.14.205	jdk、hadoop、zookeeper	DataNode、NodeManager、JournalNode、QuorumPeerMain
6	huatec06	192.168.14.206	jdk、hadoop、zookeeper	DataNode、NodeManager、JournalNode、QuorumPeerMain
7	huatec07	192.168.14.207	jdk、hadoop、zookeeper	DataNode、NodeManager、JournalNode、QuorumPeerMain

Hadoop2.0 官方提供了两种 HDFS HA 解决方案，一种是 NFS，另一种是 QJM。本次任务采用 QJM 解决方案。该方案通过一组 JournalNode 同步主备 NameNode 之间的元数据信息，只要有一条数据被成功写入多数 JournalNode，即认为写入成功。JournalNode 被配置成奇数个。

在高可用的 Hadoop 集群中，通常有一个处于 active 状态的 NameNode 和一个处于 Standby 状态的 NameNode。Active NameNode 对外提供服务，而 Standby NameNode 则同步 Active NameNode 的状态，以便能够在 Active NameNode 失败时快速将 Standby NameNode 切换为 Active NameNode。上述原理是借助 Zookeeper 实现 Hadoop 集群 HDFS 的高可用。但是仅有两个 NameNode 安全性不是非常高，因此，每两个 NameNode 可以组成一个 NameService，然后实现对每个 NameService 的高可用。

ResourceManager 的高可用，在 hadoop-2.2.0 以及之前的版本中，只有一个，因此，会存在单点故障问题。在 hadoop-2.4.1 版本中，Apache 因借助 Zookeeper 的分布式协调服务解决了这个问题，即集群会存在两个 ResourceManager，一个是 Active，另一个是 Standby，其主备状态由 Zookeeper 协调切换。

3. 集群部署

在 huatec01 主机上安装 Hadoop，安装步骤代码如下：

【代码 3-23】 安装 Hadoop

```
[root@huatec01 ~]#mkdir /huatec
[root@huatec01 ~]#tar -zxvf hadoop-2.7.3.tar.gz -C /huatec/
```

配置 Hadoop 环境变量，修改系统环境变量配置文件代码如下：

【代码 3-24】 配置 Hadoop 环境变量

```
vim /etc/profile
    #hadoop
```

```
export HADOOP_HOME=/huatec /hadoop-2.7.3
export PATH=$PATH:$JAVA_HOME/bin:$HADOOP_HOME/bin
```

修改 Hadoop 运行配置文件，配置文件位于 $HADOOP_HOME/etc/hadoop 目录下，主要修改的配置文件有 6 个。

（1）hadoop-env.sh

修改该文件的 JDK 环境修改内容和伪分布式环境中的配置信息一样，具体代码如下：

【代码 3-25】 配置 hadoop-env.sh

```
export JAVA_HOME=/usr/java/jdk1.7.0_80
```

（2）core-site.xml

【代码 3-26】 配置 core-site.xml

```
<configuration>
<property>
<name>fs.defaultFS</name>
<value>hdfs://ns1</value>
</property>
<property>
<name>hadoop.tmp.dir</name>
<value>/huatec/hadoop-2.7.3/tmp</value>
</property>
<property>
<name>ha.zookeeper.quorum</name>
<value>huatec05:2181,huatec06:2181,huatec07:2181</value>
</property>
</configuration>
```

第一个属性的配置按照 NameService 的配置，将两个 NameNode 看作一个 NameService，取名为 ns1；第二个属性是配置 Hadoop 的安装缓存目录；第三个属性是配置 Zookeeper 集群的位置，因为 Hadoop 集群是需要依赖 Zookeeper 集群的分布式协调服务实现高可用的。

（3）hdfs-site.xml

【代码 3-27】 配置 hdfs-site.xml

```
<configuration>
<!-- 指定hdfs的nameservice为ns1,需要和core-site.xml中的保持一致 -->
```

```xml
<property>
<name>dfs.nameservices</name>
<value>ns1</value>
</property>
<!-- ns1 下面有两个 NameNode,分别是 nn1,nn2 -->
<property>
<name>dfs.ha.namenodes.ns1</name>
<value>nn1,nn2</value>
</property>
<!-- nn1 的 RPC 通信地址 -->
<property>
<name>dfs.namenode.rpc-address.ns1.nn1</name>
<value>huatec01:9000</value>
</property>
<!-- nn1 的 http 通信地址 -->
<property>
<name>dfs.namenode.http-address.ns1.nn1</name>
<value>huatec01:50070</value>
</property>
<!-- nn2 的 RPC 通信地址 -->
<property>
<name>dfs.namenode.rpc-address.ns1.nn2</name>
<value>huatec02:9000</value>
</property>
<!-- nn2 的 http 通信地址 -->
<property>
<name>dfs.namenode.http-address.ns1.nn2</name>
<value>huatec02:50070</value>
</property>
<!-- 指定 NameNode 的元数据在 JournalNode 上的存放位置 -->
<property>
<name>dfs.namenode.shared.edits.dir</name>
<value>qjournal://huatec05:8485;huatec06:8485;huatec07:8485/ns1</value>
</property>
<!-- 指定 JournalNode 在本地磁盘存放数据的位置 -->
<property>
```

```xml
<name>dfs.journalnode.edits.dir</name>
<value>/huatec/hadoop-2.7.3/journal</value>
</property>
<!-- 开启 NameNode 失败自动切换 -->
<property>
<name>dfs.ha.automatic-failover.enabled</name>
<value>true</value>
</property>
<!-- 配置失败自动切换实现方式 -->
<property>
<name>dfs.client.failover.proxy.provider.ns1</name>
<value>org.apache.hadoop.hdfs.server.namenode.ha.ConfiguredFailoverProxyProvider</value>
</property>
<!-- 配置隔离机制方法，多个机制用换行分割，即每个机制暂用一行 -->
<property>
<name>dfs.ha.fencing.methods</name>
<value>
sshfence
shell(/bin/true)
</value>
</property>
<!-- 使用 sshfence 隔离机制时需要 ssh 免密码登录 -->
<property>
<name>dfs.ha.fencing.ssh.private-key-files</name>
<value>/home/hadoop/.ssh/id_rsa</value>
</property>
<!-- 配置 sshfence 隔离机制超时时间 -->
<property>
<name>dfs.ha.fencing.ssh.connect-timeout</name>
<value>30000</value>
</property>
</configuration>
```

这里需要配置的属性非常多，每个属性的具体作用参见配置中的说明信息。

（4）mapred-site.xml

【代码 3-28】 配置 mapred-site.xml

```xml
<configuration>
<property>
```

```xml
<name>mapreduce.framework.name</name>
<value>yarn</value>
</property>
</configuration>
```

代码配置的属性的作用是 MapReduce 是在 Yarn 上运行。Yarn 架构除了可以运行 MapReduce，还可以运行其他框架组件，具有很强的扩展性，对后期的系统优化有很大的作用。

（5）yarn-site.xml

【代码 3-29】 配置 yarn-site.xml

```xml
<configuration>
<!-- 开启RM高可靠 -->
<property>
<name>yarn.resourcemanager.ha.enabled</name>
<value>true</value>
</property>
<!-- 指定RM的cluster id -->
<property>
<name>yarn.resourcemanager.cluster-id</name>
<value>yrc</value>
</property>
<!-- 指定RM的名字 -->
<property>
<name>yarn.resourcemanager.ha.rm-ids</name>
<value>rm1,rm2</value>
</property>
<!-- 分别指定RM的地址 -->
<property>
<name>yarn.resourcemanager.hostname.rm1</name>
<value>huatec03</value>
</property>
<property>
<name>yarn.resourcemanager.hostname.rm2</name>
<value>huatec04</value>
</property>
<property>
<name>yarn.resourcemanager.recovery.enabled</name>
```

```xml
        <value>true</value>
    </property>
    <property>
        <name>yarn.resourcemanager.store.class</name>
<value>org.apache.hadoop.yarn
            .server.resourcemanager.recovery.ZKRMStateStore</value>
    </property>
    <!-- 指定zk集群地址 -->
    <property>
        <name>yarn.resourcemanager.zk-address</name>
        <value>huatec05:2181,huatec06:2181,huatec07:2181</value>
    </property>
<!-- 开启Shuffle -->
    <property>
        <name>yarn.nodemanager.aux-services</name>
        <value>mapreduce_shuffle</value>
    </property>
</configuration>
```

该文件主要配置了与 MapReduce 框架运行的相关内容，配置了 ResourceManager 的高可用以及相关属性，具体作用参考配置中的注释说明。

（6）slaves

【代码 3-30】 配置 slaves

```
huatec05
huatec06
huatec07
```

slaves 文件用于指定 HDFS 存储节点 DataNode 和 MapReduce 节点管理组件中 NodeManager 的位置。

从集群规划上可知，HDFS 在 huatec01 上启动，NameNode 主备位于 huatec01、huatec02，DataNode 运行在 huatec05、huatec06、huatec07 上；YARN 在 huatec03 上启动，ResourceManager 主备位于 huatec03、huatec04，NodeManager 运行在 huatec05、huatec06、huatec07 上。所以，slaves 文件的内容就是 huatec05、huatec06、huatec07。

至此，huatec01 节点上的集群部署安装已经完成，同理，huatec02、huatec03、huatec04 的集群部署和 huatec01 一样，建议采用 scp 指令快速拷贝复制。集群部署安装使用 Zookeeper

集群实现对 Hadoop 的分布式协调服务，因此，需要在 Zookeeper 集群节点上指定 Hadoop 集群的信息，可以直接将 Hadoop 的安装内容拷贝一份到 huatec05、huatec06、huatec07 三个节点上，也可以只拷贝需要的文件信息，这里将拷贝的内容直接拷贝到 Zookeeper 集群的节点上，方便后期的内容更改。如果对第二种方式感兴趣，请参考官方配置文档。

到此，集群安装和配置已经完成，HDFS 在正式启动前，需要配置节点之间的免密码登录。

4. 配置 SSH 免密码登录

首先配置 huatec01 到 huatec02、huatec03、huatec04、huatec05、huatec06、huatec07 的免密码登录，因为 HDFS 在 huatec01 上启动，但是它的组件是运行在其他节点上的，所以 huatec01 上产生了一对钥匙，具体代码如下：

【代码 3-31】 生成 ssh 密钥

```
[root@huatec01 ~]# ssh-keygen -t rsa
```

然后把公钥拷贝到其他节点上，包括 huatec01 自己，代码如下：

【代码 3-32】 拷贝 ssh 密钥

```
[root@huatec01 ~]# ssh-coyp-id huatec01
[root@huatec01 ~]# ssh-coyp-id huatec02
[root@huatec01 ~]# ssh-coyp-id huatec03
[root@huatec01 ~]# ssh-coyp-id huatec04
[root@huatec01 ~]# ssh-coyp-id huatec05
[root@huatec01 ~]# ssh-coyp-id huatec06
[root@huatec01 ~]# ssh-coyp-id huatec07
```

配置 huatec03 到 huatec04、huatec05、huatec06、huatec07 的免密码登录，使用的指令，和 huatec01 相同，huatec03 同样产生了一对钥匙，然后将公钥拷贝到其他节点。

两个 NameNode 之间、两个 ResourceManager 之间也需要配置 SSH 免密码登录，由于 huatec01 到 huatec02、huatec03 到 huatec04 的免密码登录已配置完成了，所以只需要配置 huatec02 到 huatec01、huatec04 到 huatec03 的免密码登录即可，具体请参考以下代码：

【代码 3-33】 拷贝 ssh 密钥

```
[root@huatec03 ~]# ssh-coyp-id huatec04
[root@huatec03 ~]# ssh-coyp-id huatec05
[root@huatec03 ~]# ssh-coyp-id huatec06
[root@huatec03 ~]# ssh-coyp-id huatec07
```

5. 启动集群

Hadoop 集群需要依赖 Zookeeper 集群的分布式协调服务，所以需要先启动 Zookeeper 集群。分别在 huatec05、huatec06、huatec07 上启动 zkServer 并检测其是否启动成功，以保证 Zookeeper 集群成功启动，具体代码如下：

【代码 3-34】 启动 Zookeeper 集群

```
[root@huatec05 ~]# /huatec/zookeeper-3.4.5/bin/zkServer.sh start
```

同样在 huatec06、huatec07 节点上执行以上操作，然后执行 "./zkServer.sh status" 指令，查看每个节点的状态，确保每个节点上有一个 leader，两个 follower。

分别在 huatec05、huatec06、huatec07 上执行以下指令启动 JournalNode：

【代码 3-35】 启动 JournalNode

```
[root@huatec05 ~]# cd /huatec/hadoop-2.4.1
[root@huatec05 ~]# sbin/hadoop-daemon.sh start journalnode
[root@huatec05 ~]# jps
2239 QuorumPeerMain
2280 JournalNode
2329 Jps
```

同理，huatec06、huatec07 节点执行上述操作，运行 jps 命令检验其当前的进程状态，从结果可以看出 huatec05、huatec06、huatec07 上多了 JournalNode 进程。

接下来就需要格式化 Hadoop 集群，Hadoop 集群的格式化和伪分布式安装的操作一致，不同的是 Hadoop 集群需要格式化 huatec01 和 huatec02 节点，我们在 huatec01 上执行以下代码操作：

【代码 3-36】 格式化 HDFS

```
[root@huatec01 ~]# hdfs namenode –format
17/12/19 11:18:05 INFO namenode.NameNode: STARTUP_MSG:
/************************************************************
STARTUP_MSG: Starting NameNode
STARTUP_MSG:   host = huatec01/192.168.31.11
STARTUP_MSG:   args = [-format]
STARTUP_MSG:   version = 2.7.3
...
17/12/19 11:18:09 INFO common.Storage: Storage directory /huatec/hadoop-2.7.3/tmp/dfs/name has been successfully formatted.
```

```
...
[root@huatec01 ~]# scp -r tmp/ huatec02:/huatec/hadoop-2.7.3/
VERSION                                    100%  206     0.2KB/s   00:00
seen_txid                                  100%    2     0.0KB/s   00:00
fsimage_0000000000000000000.md5            100%   62     0.1KB/s   00:00
fsimage_0000000000000000000
```

Hadoop 集群格式化后，若出现"INFO common.Storage: Storage directory /huatec/hadoop-2.7.3/tmp/dfs/name has been successfully formatted."这行信息内容，则表明 Hadoop 集群的格式化操作是成功的。Hadoop 集群格式化后会根据文件 core-site.xml 中的 hadoop.tmp.dir 配置生成一个临时文件，由于这里配置的是 /huatec/hadoop-2.4.1/tmp，所以我们将该文件拷贝到 huatec02 的 /huatec/hadoop-2.4.1/ 文件下，以保持 tmp 目录内容完全一致。

除了格式化 HDFS，Hadoop 高可用集群第一次启动的时候还需要格式化 ZK，在 huatec01 上执行以下指令：

【代码 3-37】 格式化 ZK

```
[root@huatec01 ~]# hdfs zkfc -formatZK
17/12/19 11:22:30 INFO tools.DFSZKFailoverController: Failover controller configured for NameNode NameNode at huatec01/192.168.31.11:9000
17/12/19 11:22:30 INFO zookeeper.Zookeeper: Client environment:zookeeper.version=3.4.6-1569965, built on 02/20/2014 09:09 GMT
17/12/19 11:22:30 INFO zookeeper.Zookeeper: Client environment:host.name=huatec01
17/12/19 11:22:30 INFO zookeeper.Zookeeper: Client environment:java.version=1.7.0_80
17/12/19 11:22:30 INFO zookeeper.Zookeeper: Client environment:java.vendor=Oracle Corporation
17/12/19 11:22:30 INFO zookeeper.Zookeeper: Client environment:java.home=/usr/local/java/jdk1.7.0_80/jre
...
17/12/19 11:22:30 INFO ha.ActiveStandbyElector: Successfully created /hadoop-ha/ns1 in ZK.
17/12/19 11:22:30 INFO zookeeper.Zookeeper: Session: 0x3606cc491830000 closed
```

项目3 搭建Zookeeper运行环境

若出现"INFO ha.ActiveStandbyElector: Successfully created /hadoop-ha/ns1 in ZK."日志信息,则表明 ZK 格式化成功。ZK 格式化完毕后,其 zookeeper 文件系统上会出现文件夹 hadoop-ha,可以将 Zookeeper 文件系统是否出现 hadoop-ha 作为判断 ZK 格式化成功的条件。

在 huatec01 上执行以下代码启动 HDFS:

【代码 3-38】 启动 HDFS

```
[root@huatec01 ~]# sbin/start-dfs.sh
```

在 huatec03 上执行以下代码启动 YARN:

【代码 3-39】 启动 YARN

```
[root@huatec03 ~]# sbin/start-yarn.sh
```

Hadoop 集群在实际使用的时候会出现 ResourceManager 启动失败的情况,执行以下指令手动启动 ResourceManager:

【代码 3-40】 启动 ResourceManager

```
"sbin/yarn-daemon.sh start resourcemanager"
```

集群启动成功后,我们可以通过浏览器访问 HDFS 页面。其中有一个是 Active 状态,一个是 Standby 状态,如图 3-10 所示,huatec02 是 Active 状态,huatec01 是 Standby 状态。

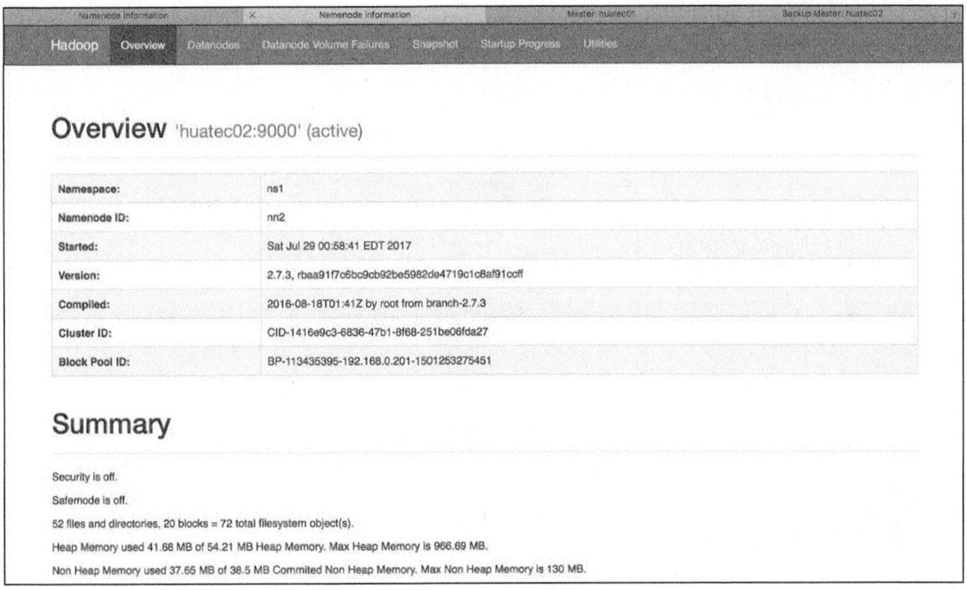

图3-10 HDFS管理页面

我们通过浏览器访问 MapReduce 页面，其中有一个是 Active 状态，一个是 Standby 状态，如图 3-11 所示。

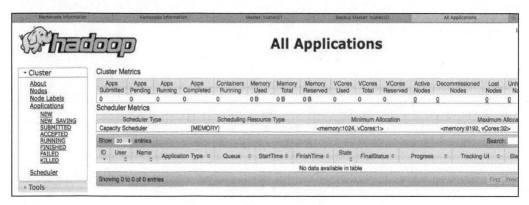

图3-11　MapReduce管理页面

3.3.3　任务回顾

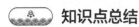知识点总结

1. Zookeeper 集群与 Hadoop 的高可用性。
2. 使用 Zookeeper 集群的分布式协调服务搭建 Hadoop 生产环境。

学习足迹

项目 3 任务三的学习足迹如图 3-12 所示。

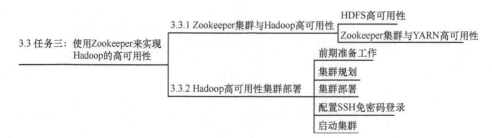

图3-12　项目3任务三学习足迹

思考与练习

说说你对 Zookeeper 与 Hadoop 集群高可用性的理解。

3.4 项目总结

本项目为后面的实战项目建设实际生产环境，通过本项目的学习，你将会学到Zookeeper的分布式协调服务原理及架构；Zookeeper分布式协调服务与Hadoop高可用性；Hadoop生产环境搭建，项目总结如图3-13所示。

通过本项目的学习，你将提高原理分析能力、集群部署能力及探索新知识的能力。

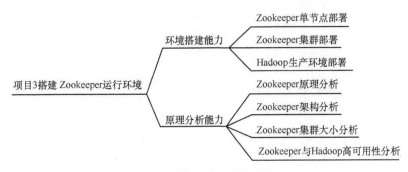

图3-13　项目3项目总结

3.5 拓展训练

自主分析：Hadoop生产环境测试。

◆ 调研要求：

请尝试在生产环境中进行HDFS Shell操作，如文件上传和下载操作，并测试此次任务前面编写的代码（通过代码调用HDFS接口进行文件操作）；然后编写MapReduce代码并对其进行代码测试。

① HDFS Shell文件基本操作；

② 在生产环境中进行HDFS接口调用，测试文件操作功能；

③ 编写MapReduce代码，然后打包并在生产环境中测试；

④ 代码整洁、逻辑清晰。

◆ 格式要求：使用IDEA开发工具，业务流程采用ppt的形式展示。

◆ 考核方式：提交代码，分组测试评分，时间要求15~20分钟。

◆ 评估标准：见表3-3。

表3-3 拓展训练评估表

项目名称： Hadoop生产环境测试	项目承接人： 姓名：	日期：
项目要求	评价标准	得分情况
总体要求： ① 使用HDFS Shell进行文件操作； ② 生产环境下的HDFS接口调用； ③ 生产环境下的MapReduce代码开发、打包及测试	① 使用HDFS Shell操作完成文件上传并改名以及文件下载（20分）。 ② 代码逻辑合理，并成功完成HDFS接口调用，实现文件上传、显示文件列表和文件下载功能（30分）。 ③ 代码逻辑合理，并成功编写MapReduce代码（35分）。 ④ 打包及测试成功（15分）	
评价人	评价说明	备注
个人		
老师		

项目 4

分布式存储数据库

 项目引入

运用 Zookeeper 管理的 Hadoop 集群已经可以满足大数据的相关工作,但如果仅仅是这样,从数据传输开始到最后得出我们想要的结果还是需要花费不少的时间。这不,昨天 Suzan 就找到了我。

> Suzan:Snkey,我了解到,大数据分析都是有很高的时效性的,为什么我们部署的平台在处理数据时会花费很长的时间呢?这样根本做不到数据的实时查询。
>
> 我:这你就错了,Hadoop 集群在数据处理、清洗、分析时,速度会很快,不会慢的。
>
> Suzan:那你说说,我得到最后结果为什么总会花费很长时间?
>
> 我:这个……,因为我们的电商系统是用传统的 MySQL 关系型数据库存储数据的,在对数据计算、清洗、分析之前需要先将数据导入 HDFS 中,导入过程就会花费不少的时间。
>
> Suzan:那这个问题怎么解决呢?总不能把时间浪费在数据导入上吧,数据处理的时效性可是非常重要的。
>
> 我:放心吧,这个事情交给我。

很容易想到,既然想缩短将数据导入 HDFS 中所花费的时间,就需要将数据直接存储在分布式存储系统中。这里我准备用 HBase 存储电商系统的数据,HBase 也是 Hadoop 家族的核心成员,是一个基于 HDFS 文件存储的分布式存储数据库,它区别于传统的表结构数据库。HBase 是面向列结构设计的,在数据查询和数据分析上都优于传统的数据库。

知识图谱

项目 4 的知识图谱如图 4-1 所示。

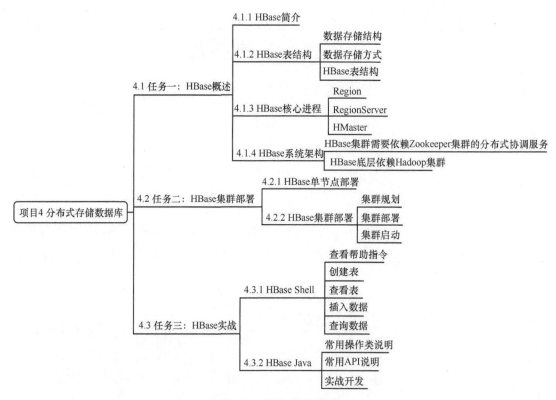

图4-1 项目4知识图谱

4.1 任务一：HBase 概述

【任务描述】

既然 HBase 是一个面向列的数据库，那么它的表结构是怎样的呢？它的存储机制又是怎样的呢？

4.1.1 HBase简介

HBase 分布式存储系统是 Hadoop 家族体系的核心成员，它具有高可靠性、高性能、面向列、可伸缩的特点，适合于存储大表数据，并且可实时读、写、访问大表数据。大表数据是指表的规模可达到数十亿行以及百万列。Hadoop 就是为处理大表数据而产生的,在数据量越大的情况下越能体现其优势,所以采用 HBase 进行分布式大数据存储非常符合大数据应用的数据框架结构。而且 HBase 利用 HDFS 作为其文件存储系统,能够为用户提供高可靠性、高性能、列存储、可伸缩、实时读写的数据库系统。HBase 数据库还支持集群部署,利用 Zookeeper 作为其协同服务,保证 HBase 集群的高可用性。

因为 HBase 的特性,所以以下数据非常适合使用 HBase:

① 高吞吐量的数据;
② TB、PB 级的海量数据;
③ 需要很好的性能伸缩能力来处理的数据;
④ 能够同时处理结构化和非结构化的数据;
⑤ 需要在海量数据中实现高效的随机读取数据;
⑥ 不需要完全拥有传统关系型数据库所具备的 ACID 特性的数据。

4.1.2 HBase表结构

作为大数据存储数据库,HBase 有别于其他所有的数据库,它是一个面向列的、非结构化的存储数据库。想要深刻理解 HBase 为何会采用面向列的、非结构化的方式存储数据,就有必要知道常见的数据存储结构和数据存储方式。

1. 数据存储结构

何为面向列的存储呢?这涉及数据存储结构,常见的数据存储结构有结构化数据、半结构化数据和非结构化数据 3 种。

(1)结构化数据

具有属性划分,结构固定以及类型等信息的数据就是结构化数据。关系型数据库中所存储的数据大多是结构化数据,如学生表,它拥有 ID、Age、Class、Grade 等属性信息。

结构化数据通常被直接存放在数据库表中。数据记录的每一个属性都对应数据表的一个字段。

(2)半结构化数据

如 XML、HTML 等具有一定结构的同时又具有一定灵活性的数据就是半结构化数据。半结构化数据其实也是非结构化数据的一种。对于半结构化数据的存储,可以将其直接转换成结构化数据进行存储;也可以根据数据记录的大小和特点同非结构化数据一样选择合适的存储方式。

（3）非结构化数据

如图像、文本文件、网页、视频、声音等无法用统一的结构来表示的数据即为非结构化数据。对于如 kB 级的较小数据，一般可将整条数据作为一个字段被直接存放到数据库表中，这样对于整条数据记录的快速索引也有好处。较大的数据一般被直接存放在文件系统中。而与数据相关的索引信息则可被存放在数据库中。HBase 就是一个非常典型的非结构化存储数据库。对于很难按某一个概念去抽取并且数据结构字段杂乱无章或不够确定的数据，HBase 一般直接创建数据表。当业务发展需要存储更多的信息时，HBase 可以动态扩展，它不必像关系型数据库一样，需要系统升级、维护等较为复杂的操作。

2．数据存储方式

那么何为面向列存储呢？这涉及数据存储方式，常见的数据存储方式有按行存储、按列存储、按 Key-Value 方式存储。

（1）按行存储

如图 4-2 所示，数据按行存储在底层文件系统中。通常，每一行数据会被分配固定的空间。按行存储的优点是有利于增删改查询整行数据；缺点是如果想查询某列数据，则会读取到一些不必要的数据。

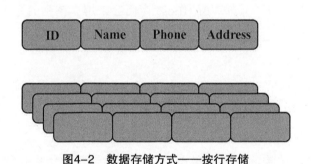

图4-2　数据存储方式——按行存储

（2）按列存储

如图 4-3 所示，数据按列存储在底层文件系统中。按列存储的优点是有利于增删改查整列数据，动态扩展也更加方便；缺点是如果读取整行数据，可能需要多次 I/O 操作。

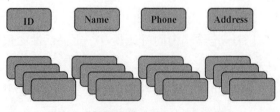

图4-3　数据存储方式——按列存储

（3）Key-Value 结构

Key-Value 具有特定的结构，如图 4-4 所示。Key 部分被用来快速地检索一条数据记录，Value 部分被用来存储实际的用户数据信息。Key-Value 作为承载用户数据的基本单元，会产生一定的结构化空间开销，因为其需要保存一些描述自身的信息，例如，类型，时间戳等。

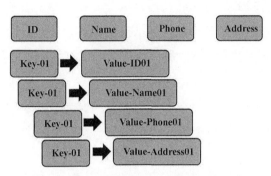

图4-4　数据存储方式——KeyValue存储

Key-Value 型数据库的数据分区方式是按 Key 值的连续范围分区，数据按照 RowKey 的范围（按一定的算法排序，如按 RowKey 的字典顺序），划分为一个个的子区间。每一个子区间都是一个分布式存储的基本单元。

3. HBase 表结构

图 4-5 是一个 HBase 表存储结构，HBase 是一个非结构化的数据表，我们可以通过图 4-5 的形式理解其结构。

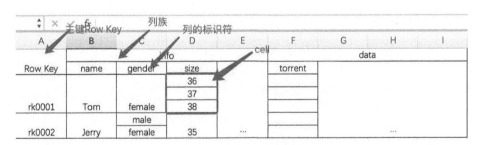

图4-5　HBase存储结构

以下逐一说明 HBase 涉及的概念。

① 主键（Row Key）。主键被用来检索记录，HBase table 可以通过单个 row key、全表扫描、row key 的 range 3 种方式访问行。

② 列族（Column Family）。列中的数据都是以二进制的形式存在的，列中没有数据类型的数据，在创建表的时候申明的多个列就是列族。

③ 列的标识符。HBase 表中一个列族可以包含多个列，每个列的字段名称就是列的标识符。

④ cell。HBase 通过主键（Row Key）、列族和列的标识符定位一个 cell，即定位后的一个具体的数据值。

⑤ 时间戳（timestamp）。时间戳需要结合 cell 来理解，在 HBase 表中，每个 cell 的数据是可以进行版本管理的，时间戳被用来区分 cell 的各个版本，获取的 cell 值被默认为最新版本的值。我们在创建表的时候可以指定版本管理的数量，例如，创建表的时候指定 info 列族的版本管理数量为 5，那么存储在 info 列族的 cell 最多保留包括当前值在内的 5 个历史版本。

图 4-5 显示 HBase 中有主键存在，一个主键代表一条记录，但是这个记录是非结构化的数据，HBase 中的数据类型丰富多样却可以动态扩展。主键的存在还可以实现数据的快速查询。

图 4-5 定义了两个列族，分别是 info 列族和 data 列族。info 列族负责保存基本属性信息，data 列族保存产生的关键数据，至于具体每个列族里包含哪些列的标识符都不固定，我们可以根据业务需求随时随地的增加，这种增加不会对表的结构产生影响。例如，info 列族现在包含 name、gender 和 size 三个列的标识符。我们在后期觉得还需要增加 score、profile 列的标识符，就只需要在存储的时候添加这两个属性即可，HBase 已经弱化了关系型数据库中的字段。

4.1.3 HBase 核心进程

HBase 有 HMaster 和 RegionServerg 两个核心进程。其中 HMaster 是主进程，负责管理所有的 RegionServer。RegionServer 是数据服务进程，负责处理用户数据的读写请求。

Master 与 RegionServer 之间有密切的关系，而 RegionServer 又与 Region（HBase 中存储数据的最小单元）密不可分，所以以下将分先后顺序分别讲解 Region、RegionServer 和 HMaster。

1. Region

Region 是 HBase 分布式存储的最基本单元。它将一个数据表按 Key 值范围横向划分为一个个的子表，从而实现分布式存储。这里横向划分的子表在 HBase 中被称为 Region。每一个 Region 都关联一个 Key 值范围。

HBase 中的每一个 Region 只需记录 StartKey 即可，因为它的 EndKey 是下一个 Region 的 StartKey，如图 4-6 所示。以第一个 Region 为例，它是一个半开区间 [0,2)，它的 StartKey 为 0，它的 EndKey 为 1，所有以 0 和 1 开始的 Rowkey 值都存储在这个 Region 里，

以 0 开头的 Rowkey 只有一个，即 Rowkey 0，以 1 开头的一位数的有 Rowkey 1，两位数的有 Rowkey10、11 等，三位数的有 100、101 等。依次类推至更高阶的位数，这样的存储设计遵循了字典循序的排序规则，很大程度上提高了查询效率。

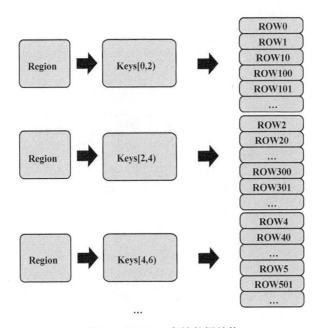

图4-6　Region存储数据结构

Region 按照存储内容的不同分为元数据 Region 和用户 Region。User Region 即用户 Region，它是记录用户数据的区域，Meta Region 即元数据 Region，它是记录每一个 User Region 的路由信息。Region 存储数据的最大值可以通过属性"hbase.hregion.max.filesize"设置。

HBose 在数据读写时，若读写 Region 数据的路由，则需要先寻找 Meta Region 地址，再由 Meta Region 找寻 User Region 地址，最后获取具体的 Region 数据，如图 4-7 所示。

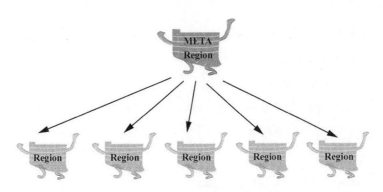

图4-7　Meta Region与Region

2. RegionServer

RegionServer 是 HBase 的数据服务进程,它负责处理用户数据的读写请求,所有 Region 的 Flush、Compaction、Open、Close、Load 等操作的执行都交由 RegionServer 管理,如图 4-8 所示,所有用户数据的读写请求都和 RegionServer 管理的 Region 进行交互。Region 还可以在 RegionServer 之间发生转移。

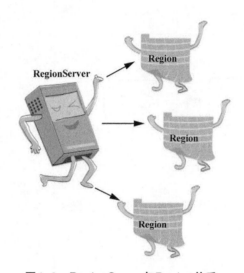

图 4-8　RegionServer 与 Region 关系

RegionServer 需要定期将在线状态的 Region 信息、内存使用状态等自身情况的信息汇报给 HMaster。关于 HMaster 的内容会在接下来的知识节点中进行讲解。

RegionServer 除了定期向 HMaster 汇报自身信息以外,还可以管理 WAL,并可以执行数据更新、删除以及插入操作。RegionServer 还通过 Metrics 对外提供衡量 HBase 内部服务状况的参数。RegionServer 还内置了 HttpServer,所以用户可以通过图形界面的方式访问 HBase。

3. HMaster

HMaster 进程负责管理所有的 RegionServer,具体内容包括以下几点:

① 新 RegionServer 的注册;

② RegionServer Failover 的处理;

③ 负责一些集群操作以及表的创建、修改和删除;

④ 在创建新的表时分配 Region;

⑤ 运行期间保证集群负载均衡;

⑥ RegionServer Failover 后接管 Region。

HMaster 进程有主备角色,集群可以根据需要配置多个 HMaster 角色。集群启动时，HMaster 角色通过竞争获得主 HMaster 角色。主 HMaster 角色只能有一个，所有的备 HMaster 进程在集群运行期间处于休眠状态，不干涉任何集群的事务。

HMaster 与 RegionServer 之间的关系如图 4-9 所示。

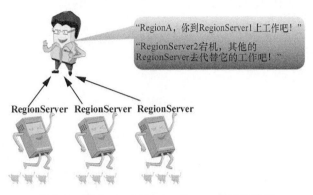

图4-9　HMaster与RegionServer之间的关系

4.1.4 小节的内容可以形象地表示 HMaster、RegionServer 和 Region 三者之间的关系。

4.1.4　HBase系统架构

HBase 的体系架构涉及 HMaster、RegionServer 核心进程的相关内容，所以在这里就先讲解 HBase 的核心进程。HBase 的系统架构如图 4-10 所示。

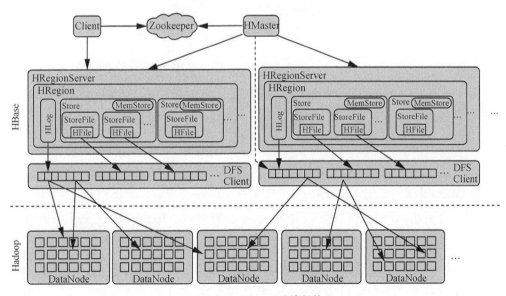

图4-10　HBase系统架构

从图 4-10 中我们可以得出以下结论。

1. HBase 集群需要依赖 Zookeeper 集群的分布式协调服务

Client 访问 HBase 时，需要先访问 Zookeeper，然后访问 RegionServer。这是因为 Zookeeper 维护了与 HBase 相关的 -ROOT- 表和 .META 表，Client 访问用户数据之前需要先访问 Zookeeper 获取 -ROOT- 表的位置，然后访问 -ROOT- 表，然后访问 .META. 表，获取想要操作的 Region 的位置信息。为了提高后续操作的访问效率，这个读取过程只在第一次访问数据库时才会产生，HBase 会将相关信息缓存到 hbase:meta 中，图 4-11 简单描绘了它内部的细节。

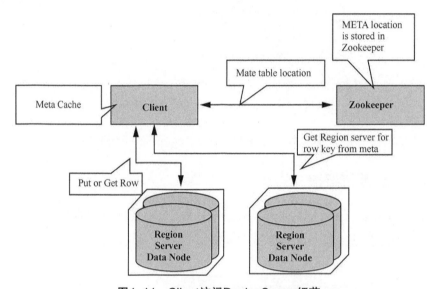

图4-11　Client访问RegionServer细节

图 4-10 中只有一个 HMaster，这在实际生产环境中是不被允许的。上文已经举例说明了 HMaster、RegionServer 和 Region 之间的关系。由此可知，HMaster 必须有多个才能保证集群的高可用性。有一点不同的是多个 HMaster 之间在同一时间内只能有一个管事的，它是主，其他 HMaster 都是备。

注意，当一个 Region 因为 HMaster 执行负载均衡或者 RegionServer 宕机而执行重定位之后，Client 需要重新读取 hbase:meta 并缓存，以保证 hbase:meta 中的数据的正确性。

经过上文分析，我们知道一个 RegionServer 会管理多个 Region，Region 负责存储数据，但图 4-10 中没有显示出这种存储结构，下文用图 4-12 具体说明它的存储结构。

以向 HBase 插入数据为例，当 Client 通过 put 语句提交 HBase SQL 时，RegionServer 接收这些提交信息，并记录日志信息，然后找到 SQL 操作的对应数据的位置即 Region，Region 将数据存储在内存（MemStore）和本地文件（StoreFile）中。内存中的数据会定期 Flush 到本地文件中，当本地文件中的数据超过阈值后，这些多出来的数据会被写入到

HDFS。这个阈值可以在 HBase 的配置文件中设置。

2. HBase 底层依赖 Hadoop 集群

从图 4-10 中可以看出，HBase 的底层数据存储在 HDFS 中，HBase 通过 DFS Client 将 StoreFile 文件写入 HDFS，并依赖 HDFS 的分布式存储结构将文件保存多个副本。

RegionServer 会记录有关数据库操作的日志信息，从图 4-12 中可以看出，日志文件保存在 RegionServer 中，但是会定期 Flush 和 Sync 到 HLog 文件中，而 HLog 也是存储在 HDFS 上的。

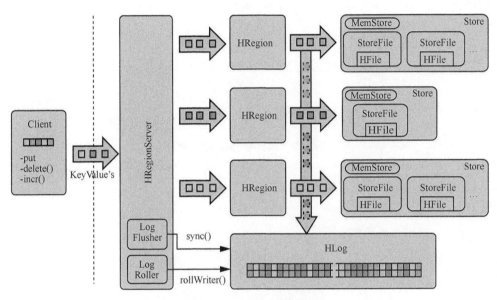

图4-12　HRegion存储结构

HBase 底层之所以需要依赖 HDFS 进行存储，是因为其在数据预处理、数据清洗、执行 MapReduce 时需要将这些数据存储于 HDFS 上，而基于 HDFS 的数据库存储结构既解决了上述问题，又用了类 SQL 的语言来操作数据。HDFS 的多副本功能是一般数据库不具备的亮点。

4.1.5　任务回顾

 知识点总结

1. HBase 简介和特性。
2. 数据库表存储方式和存储节点。
3. HBase 表结构和关键概念。

4. HMaster、RegionServer、Region 概念及关系。

5. HBase 系统架构，包含 HBase 存储过程分析及集群分析。

学习足迹

项目 4 任务一的学习足迹如图 4-13 所示。

图4-13　项目4任务一学习足迹

思考与练习

1. HBase 适用于哪些场合。
2. 说说你对结构化数据、半结构化数据和非结构化数据的理解。
3. HMaster、RegionServer、Region 分别是什么？它们之间有什么关系？

4.2 任务二：HBase 集群部署

【任务描述】

在任务 1 中，我们整体地认知和了解了 HBase，接下来我们需要搭建 HBase 环境。HBase 支持单节点环境部署，可以用于内部数据测试。在生产环境中，HBase 都是以高可用集群的方式对外提供服务的，其高可用的实现还是依赖上一个项目部署的 Zookeeper 集群。这里我们将分步骤讲解这两种方式的环境部署。

4.2.1 HBase单节点部署

在部署 HBase 之前，先下载 HBase。HBase 是支持单节点部署的，在某些测试环境中可以用到这一特性。

解压 HBase 到其中一个节点即可完成 HBase 的安装，HBase 安装代码如下：

【代码 4-1】 HBase 安装

```
tar -zxvf hbase-0.96.2-hadoop2-bin.tar.gz -C /zhusheng-hadoop/
```

但是启动 HBase，还需要修改两个配置文件，HBase 的配置文件位于 hbase/conf 路径下。

（1）hbase-env.sh

HBase 运行需要依赖 jdk，将"JAVA_HOME"的值改为安装的 jdk 路径，具体代码如下：

【代码 4-2】 hbase-env.sh

```
export JAVA_HOME=/usr/local/java/jdk1.7.0_80/
```

（2）hbase-site.xml

hbase-site.xml 是 HBase 的核心配置文件，很多与 HBase 相关的核心配置属性都在这个文件中进行配置，具体代码如下：

【代码 4-3】 hbase-site.xml

```
<configuration>
<property>
<name>hbase.rootdir</name>
<value>file:///root/hbase</value>
<description>The directory shared by RegionServers.
</description>
</property>
</configuration>
```

以上配置文件中，配置的"hbase.rootdir"属性，该属性的作用配制 HBase 数据的存储位置。HBase 数据可以存储在本地文件系统中，也可以保存在 HDFS 上，这里配置 HBase 数据存储在当前节点的"/root/hbase"路径下。

配置完成后，HBase 就可以启动了，启动代码如下：

【代码 4-4】 HBase 启动

```
[root@hadoop bin]#cd /zhusheng-hadoop/hbase-0.96.2-hadoop2/bin
[root@hadoop bin]# ./start-hbase.sh
```

```
starting master, logging to /zhusheng-hadoop/hbase-0.96.2-
hadoop2/bin/../logs/
        hbase-root-master-hadoop.out
[root@hadoop bin]# jps
2067 HMaster
2214 Jps
```

由以上代码可以看出，HBase 启动之后，通过 jps 查看当前的 Java 进程，发现 HMaster，表明 HBase 已经成功启动。我们通过浏览器访问 HBase Master 主页，效果如图 4-14 所示。

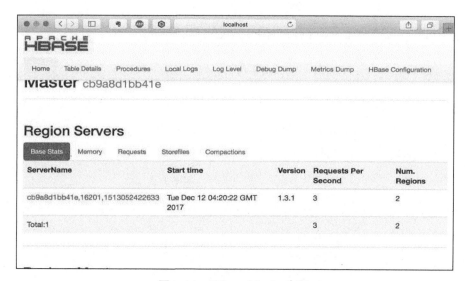

图4-14　HBase Master主页

4.2.2　HBase集群部署

第 4.2.1 小节已经完成了 HBase 的单节点部署，但只有一个 HMaster 进程。如果在实际生产环境中只部署一个 HMaster 进程，当其所在的节点宕机或出现其他异常情况时，整个 HBase 将不能对外提供任何服务。HBase 可以以集群的方式对外提供服务，即可以部署多对 HMaster，类似 HDFS NameNode，当 HMaster 主节点出现故障时，HMaster 的备用节点会通过 Zookeeper 获取主 HMaster 存储的整个 HBase 集群中的状态信息。而且 HMaster 可以通过 Zookeeper 随时感知各个 HRegionServer 的状况，以便控制管理它。

1. 集群规划

项目三已经部署了 Hadoop 生产环境，现在将 HBase 集群和 Hadoop 生产环境部署在一起，集群规划见表 4-1。

表4–1　HBase集群规划

序号	主机名	软件	进程
1	huatec01	jdk、hadoop、hbase	Namenode、zkfc、HMaster
2	huatec02	jdk、hadoop、hbase	Namenode、zkfc、HMaster
3	huatec03	jdk、hadoop、hbase	ResourceManager、HRegionServer
4	huatec04	jdk、hadoop、hbase	ResourceManager、HRegionServer
5	huatec05	jdk、hadoop、Zookeeper、hbase	DataNode、NodeManager、JournalNode、QPM、HRegionServer
6	huatec06	jdk、hadoop、Zookeeper、hbase	DataNode、NodeManager、JournalNode、QPM、HRegionServer
7	huatec07	jdk、hadoop、Zookeeper、hbase	DataNode、NodeManager、JournalNode、QPM、HRegionServer

因为HBase的底层需要依赖HDFS的分布式存储，所以在每个安装有Hadoop的节点处都安装了HBase。考虑到HBase的高可用性，接下来会在huatec01和huatec02上启动HMaster主进程，其他节点启动服务进程HRegionServer。

2. 集群部署

计划先在huatec01节点安装并配置HBase，然后将其拷贝到其他节点上，从而快速完成集群的部署。同单节点安装一样，上传HBase安装包到huatec01节点上，并解压到"/huatec"安装目录（该目录在进行Hadoop的生产环境搭建时已经被创建）中，然后修改相关的配置文件，主要有hbase-env.sh、hbase-site.xml、regionservers 3个文件。

（1）hbase-env.sh

HBase运行需要依赖jdk，将"JAVA_HOME"的值改为已经安装的jdk路径，具体代码如下：

【代码4-5】　hbase-env.sh

```
// 指定jdk
export JAVA_HOME=/usr/java/jdk1.7.0_55
// 告诉hbase使用外部的zk，将值设置为false
export HBASE_MANAGES_ZK=false
```

（2）hbase-site.xml

hbase-site.xml代码如下：

【代码4-6】　hbase-site.xml

```
<configuration>
<!-- 指定hbase在HDFS上存储的路径 -->
```

```xml
<property>
<name>hbase.rootdir</name>
<value>hdfs://ns1/hbase</value>
</property>
<!-- 指定hbase是分布式的 -->
<property>
<name>hbase.cluster.distributed</name>
<value>true</value>
</property>
<!-- 指定zk的地址，多个用","分割 -->
<property>
<name>hbase.zookeeper.quorum</name>
<value>huatec05:2181,huatec06:2181,huatec07:2181</value>
</property>
</configuration>
```

（3）regionservers

指定HBase中的regionservers的分布位置，按照集群部署规划表4-1填写，代码如下：

【代码4-7】 regionservers

```
huatec03
huatec04
huatec05
huatec06
huatec07
```

因为HBase底层依赖HDFS，因此，需要配置两个与Hadoop相关的文件hdfs-site.xml和core-site.xml，可直接将Hadoop配置文件中的hdfs-site.xml和core-site.xml拷贝到hbase/conf下。至此，就已经完成一个节点的安装和配置，接下来将安装目录"/huatec/hbase-0.96.2-hadoop2"拷贝到其他节点上，使它们组成集群，具体代码如下：

【代码4-8】 集群组建

```
scp -r /huatec/hbase-0.96.2-hadoop2/ huatec02:/huatec/
scp -r /huatec/hbase-0.96.2-hadoop2/ huatec03:/huatec/
scp -r /huatec/hbase-0.96.2-hadoop2/ huatec04:/huatec/
scp -r /huatec/hbase-0.96.2-hadoop2/ huatec05:/huatec/
scp -r /huatec/hbase-0.96.2-hadoop2/ huatec06:/huatec/
scp -r /huatec/hbase-0.96.2-hadoop2/ huatec07:/huatec/
```

3. 集群启动

HBase 集群的启动是有先后顺序的，需要先启动 Zookeeper 集群，然后启动 Hadoop 集群，最后再启动 HBase 集群。启动 Zookeeper 集群和 Hadoop 集群的过程请参考项目 3，具体代码如下：

【代码 4-9】 集群启动

```
//huatec01
start-hbase.sh
//huatec02
hbase-daemon.sh start master
```

集群成功启动后，分别查看所有节点的 Java 进程，出现以下代码则表明 HBase 集群成功启动：

【代码 4-10】 集群成功启动

```
huatec01 HMaster
huatec02 HMaster
huatec03 HRegionServer
huatec04 HRegionServer
huatec05 HRegionServer
huatec06 HRegionServer
huatec07 HRegionServer
```

我们通过浏览器访问 HBase 管理页面效果如图 4-15 所示。

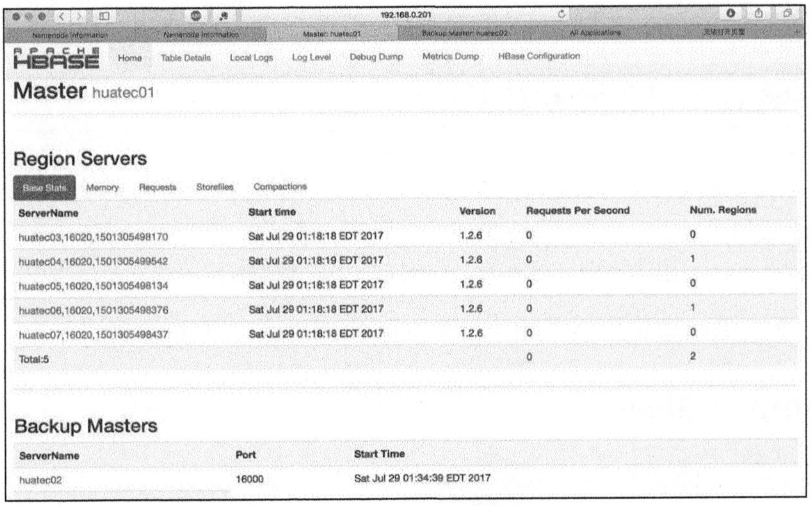

图 4-15　HBase集群

从图 4-15 可以看出，该页面显示了 HBase 集群的基本信息：主 Master 是 huatec01，备 Master 是 huatec02，RegionServer 有 5 个，分别是 huatec03~07。

4.2.3 任务回顾

知识点总结

1. HBase 单节点部署。
2. HBase 集群部署。

学习足迹

项目 4 任务二的学习足迹如图 4-16 所示。

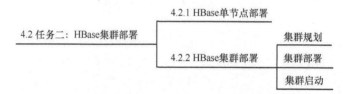

图4-16 项目4任务二学习足迹

思考与练习

1. HBase 集群部署需要修改哪几个文件，它们分别表示什么。
2. 简要说明 HBase 集群的启动方式。

4.3 任务三：HBase 实战

【任务描述】

在前面两个任务中，我们对 HBase 有了一个整体的认知，也成功地搭建了 HBase 生产环境，下面，我们就分别用 Shell 和 Java 的方式来操作 HBase 数据库。

4.3.1 HBase Shell

HBase 提供了 Shell 的方式来操作数据库，下面通过示例来演示常见的 Shell 操作。进入 HBase Shell 的代码指令如下：

【代码 4-11】 进入 HBase Shell

```
/huatec /hbase-0.96.2-hadoop2/bin/hbase shell
```

效果如图 4-17 所示。

```
bash-4.3# hbase shell
2017-12-13 03:27:27,989 WARN  [main] util.NativeCodeLoader: Unable to load native-hadoop library
 for your platform... using builtin-java classes where applicable
HBase Shell; enter 'help<RETURN>' for list of supported commands.
Type "exit<RETURN>" to leave the HBase Shell
Version 1.3.1, r930b9a55528fe45d8edce7af42fef2d35e77677a, Thu Apr  6 19:36:54 PDT 2017

hbase(main):001:0>
```

图4-17 进入HBase Shell

1. 查看帮助指令

进入 shell 状态后，我们可以使用"help"查看全部、某一类或某一条帮助指令，具体代码如下：

【代码 4-12】 HBase Shell 帮助指令

```
help  // 查看帮助
help 'dml'  // 查看数据库 dml 语言帮助
help 'create'   // 查询创建表语句帮助
```

效果如图 4-18 所示。

```
hbase(main):002:0> help
HBase Shell, version 1.3.1, r930b9a55528fe45d8edce7af42fef2d35e77677a, Thu Apr  6 19:36:54 PDT 2
017
Type 'help "COMMAND"', (e.g. 'help "get"' -- the quotes are necessary) for help on a specific co
mmand.
Commands are grouped. Type 'help "COMMAND_GROUP"', (e.g. 'help "general"') for help on a command
 group.

COMMAND GROUPS:
  Group name: general
  Commands: status, table_help, version, whoami

  Group name: ddl
  Commands: alter, alter_async, alter_status, create, describe, disable, disable_all, drop, drop
_all, enable, enable_all, exists, get_table, is_disabled, is_enabled, list, locate_region, show_
filters

  Group name: namespace
  Commands: alter_namespace, create_namespace, describe_namespace, drop_namespace, list_namespac
e, list_namespace_tables

  Group name: dml
  Commands: append, count, delete, deleteall, get, get_counter, get_splits, incr, put, scan, tru
ncate, truncate_preserve

  Group name: tools
```

图4-18 HBase Shell帮助指令

2. 创建表

建表语句如下：

【代码 4-13】 创建表

```
create 'people',{NAME => 'info', VERSIONS => 3},{NAME => 'data', VERSIONS => 1}
```

效果如图 4-19 所示。

```
hbase(main):001:0> create 'people',{NAME => 'info', VERSIONS => 3},{NAME => 'data', VERSIONS => 1}
0 row(s) in 3.1010 seconds

=> Hbase::Table - people
hbase(main):002:0>
```

图4-19 创建表

图 4-19 说明：

表名 people

列族 info，版本管理为 3（最多保存 3 个历史版本）

列族 data，版本管理为 1（最多保存 1 个历史版本）

3. 查看表

查看表的代码如下：

【代码 4-14】 查看表

```
list
```

该指令会罗列所有的表，效果如图 4-20 所示。

```
hbase(main):003:0> list
TABLE
people
1 row(s) in 0.0440 seconds

=> ["people"]
hbase(main):004:0>
```

图4-20 查看表

4. 插入数据

插入数据代码如下：

【代码 4-15】 插入数据

```
put 'people','rk0001','info:name','Tom'
```

```
put 'people','rk0001','info:gender','female'
put 'people','rk0001','info:size','36'
put 'people','rk0001','data:torrent','DHsj1200'
```

效果如图 4-21 所示。

```
hbase(main):004:0> put 'people','rk0001','info:name','Tom'
0 row(s) in 0.2810 seconds

hbase(main):005:0> put 'people','rk0001','info:gender','female'
0 row(s) in 0.0120 seconds

hbase(main):006:0> put 'people','rk0001','info:size','36'
0 row(s) in 0.0090 seconds

hbase(main):007:0> put 'people','rk0001','data:torrent','DHsj1200'
0 row(s) in 0.0110 seconds

hbase(main):008:0>
```

图4-21 插入数据

图 4-21 可说明：

rk0001 为主键，一个主键记录一条数据，所以图 4-21 实际上只插入了一条记录。

5. 查询数据

查询数据的代码如下：

【代码 4-16】 查询数据

```
scan 'people'
```

执行效果如图 4-22 所示。

```
hbase(main):010:0> scan 'people'
ROW                      COLUMN+CELL
 rk0001                  column=data:torrent, timestamp=1513136856453, value=DHsj1200
 rk0001                  column=info:gender, timestamp=1513136856364, value=female
 rk0001                  column=info:name, timestamp=1513136856307, value=Tom
 rk0001                  column=info:size, timestamp=1513136856410, value=36
1 row(s) in 0.0800 seconds

hbase(main):011:0>
```

图4-22 查询数据

也可对“scan”指令添加查询条件，具体代码如下：

【代码 4-17】 条件查询

```
// 查询列族数据
scan 'people', {COLUMNS => 'info'}
// 查询 people 表中列族为 info 和 data 且列标示符中含有 a 字符的信息
scan 'people', {COLUMNS => ['info', 'data'],
```

```
                FILTER =>"(QualifierFilter(=,'substring:a'))"}
// 查询people表中列族为info，rk范围是[rk0001，rk0003]的数据
scan 'people', {COLUMNS => 'info', STARTROW => 'rk0001', ENDROW => 'rk0003'}
```

还可以使用 get 执行各种复杂的条件查询，语句类似关系型数据库中的"select"语句。

> 【做一做】
>
> 自己通过 help 'get' 查看指令帮助文档，学习如何使用该指令。

4.3.2 HBase Java

HBase 为开发者提供了 Java API，开发者可以通过 Java 代码来操作 HBase。

1. 常用操作类说明

HBase 常用操作类见表 4-2。

表4-2 HBase常用操作类

Java类	HBase数据模型
HBaseAdmin	数据库（DataBase）
HBaseConfiguration	
HTable	表（Table）
HTableDescriptor	列族（Column Family）
Put	列修饰符（Column Qualifier）
Get	
Scanner	

HBaseAdmin 是操作数据库的核心类，它区别于 HBaseConfiguration，后者主要用于配置数据库和建立数据库连接。

2. 常用 API 说明

（1）HBaseAdmin

HBaseAdmin 位于 org.apache.hadoop.hbase.client.HBaseAdmin 包下，它提供了一个接口管理 HBase 数据库的表信息。它提供的方法包括创建表、删除表、列出表项、使表有效或无效以及添加或删除表列族成员等。

HBaseAdmin 的常用函数见表 4-3。

表4-3　HBaseAdmin常用函数

返回值	函数	描述
void	addColumn(String tableName, HColumnDescriptor column)	向一个已经存在的表添加列
	checkHBaseAvaiable(HBaseConfiguration conf)	静态函数，用于查看HBase是否处于运行状态
	createTable(HTableDescriptor desc)	创建表
	deleteTable(byte[] tableName)	删除表
	enableTable(byte[] tableName)	使表有效
	disableTable(byte[] tableName)	使表无效
HTableDescriptor[]	listTables()	列出所有用户控制表项
void	modifyTable(byte[] tableName, HTableDescriptor htd)	修改表的模式，是异步的操作，需要花费一定的时间
boolean	tableExists(String tableName)	检查表是否存在

具体代码如下：

【代码4-18】 HBaseAdmin 示例代码

```
HBaseAdmin admin = new HBaseAdmin(conf);
admin.enableTable("people");
```

（2）HBaseConfiguration

HBaseConfiguration 也是与数据库操作相关的配置类，主要用于配置 HBase，其值等效于 hbase-site.xml 文件，它位于 org.apache.hadoop.hbase.HBaseConfiguration 包下，常用的函数见表 4-4。

表4-4　HBaseConfiguration常用函数

返回值	函数	描述
void	addRedource(Path file)	通过给定的路径添加资源
void	clear()	清空所有设置的属性
String	get(String name)	获取属性名对应的值
String	getBoolean(String name, boolean defaultValue)	获取为boolean类型的属性值，如果为空，则返回默认属性值
void	setBoolean(String name, boolean value)	设置boolean类型的属性值

HBaseConfiguration 示例代码如下：

【代码4-19】 HBaseConfiguration 示例代码

```
HBaseConfiguration hBaseConfiguration = new HBaseConfiguration();
```

```
        hBaseConfiguration.set("hbase.zookeeper.quorum",
"huatec05:2181,huatec06:2181,huatec07:2181");
```

以上代码设置了 HBase 依赖的集群信息。

（3）HTableDescriptor

HTableDescriptor 位于 org.apache.hadoop.hbase.HTableDescriptor，它包含了表的名称及其对应的列族信息。常用 API 见表 4-5。

表4-5　HTableDescriptor常用函数

返回值	函数	描述
HTableDescriptor	addFamily(HColumnDescriptor columnFamily)	添加列族
HTableDescriptor	removeFamily(byte[] column)	移除列族
byte[]	getName()	获取表名
byte[]	getValue(byte[] key)	获取属性值
void	setValue(String key, String value)	设置属性值

HTableDescriptor 示例代码如下：

【代码 4-20】 HTableDescriptor 示例代码

```
HTableDescriptor htd = new HTableDescriptor("poeple");
        htd.addFamily(new HColumnDescriptor("info"));
        htd.setValue("age","20");
        htd.setValue("name", "Smith");
```

以上代码在 people 表中新增了一个列族"info"，并为该列族增加了两个属性值。

（4）HColumnDescriptor

HColumnDescriptor 位于 org.apache.hadoop.hbase.HColumnDescriptor 包下，它维护了关于列族的信息，例如版本号、压缩设置等。它通常在创建表或者为表添加列族时使用。列族被创建后不能直接修改，只能通过删除然后重新创建的方式达到修改的目的。当列族被删除的时候，列族里面的数据也会被删除。

HColumnDescriptor 常用 API 见表 4-6。

表4-6　HColumnDescriptor常用函数

返回值	函数	描述
byte[]	getName()	获取列族的名字
byte[]	getValue(byte[] key)	获取对应的属性的值
void	setValue(String key, String value)	设置属性值

HColumnDescriptor 示例代码如下：

【代码4-21】 HColumnDescriptor 示例代码

```
HColumnDescriptor hcd = new HColumnDescriptor("content:");
    htd.addFamily(hcd);
```

以上代码向 people 表增加了一个列族 "content"

（5）HTable

HTable 位于 org.apache.hadoop.hbase.client.HTable 包下，它可以和 HBase 表直接通信，此方法对于更新操作来说是非线程安全的。

常用 API 见表 4-7。

表4-7 HTable常用函数

返回值	函数	描述
void	checkAndPut(byte[] var1, byte[] var2, byte[] var3, byte[] var4, Put var5)	自动检查row/family/qualifier是否与给定的值匹配
void	close()	释放所有的资源或挂起内部缓冲区中的更新
Boolean	exists(Get get)	检查Get示例所指定的值是否在表中存在
Result	get(Get get)	获取指定行的某些单元格所对应的值
byte[][]	getEndKeys()	获取当前一打开的表每个区域的结束键值
ResultScanner	getScanner(byte[] family)	获取当前给定列族的scanner实例
HTableDescriptor	getTableDescriptor()	获取当前表的TableDescriptor实例
byte[]	getTableName()	获取表名

HTable 示例代码如下：

【代码4-22】 HTable 示例代码

```
HTable hTable = new HTable(conf, Byte.toByte("people"));
    Get get = new Get(Byte.toByte("rk1000"));
    Result result = hTable.get(get);
```

以上代码获取表对象，然后通过表对象获取 Row Key 为 rk1000 的值，返回的结果是一个 Result 对象，我们以调用该类的 API 来操作结果集，比如：getKey()、listCells() 等。

3. 实战开发

下文将集合 HBase 数据库表操作，说明如何对数据表、列族进行增删改查操作。开发步骤如下。

(1) 新建项目

在 IDEA 中新建 Maven Java 项目，groupId 为"com.huatec.hbase"，artifactId 为"hbase"，然后在 pom.xml 文件中增加与 HBase 操作相关的依赖。在 <dependencies> 节点标签下增加以下代码内容：

【代码 4-23】 pom.xml 新增核心代码

```xml
<!--hbase-->
<dependency>
<groupId>org.apache.hbase</groupId>
<artifactId>hbase-server</artifactId>
<version>1.3.1</version>
</dependency>

<dependency>
<groupId>org.apache.hbase</groupId>
<artifactId>hbase-common</artifactId>
<version>1.3.1</version>
</dependency>

<dependency>
<groupId>org.apache.hbase</groupId>
<artifactId>hbase-client</artifactId>
<version>1.3.1</version>
</dependency>

<!--hadoop-->
<dependency>
<groupId>org.apache.hadoop</groupId>
<artifactId>hadoop-common</artifactId>
<version>2.7.3</version>
</dependency>

<dependency>
<groupId>org.apache.hadoop</groupId>
<artifactId>hadoop-hdfs</artifactId>
<version>2.7.3</version>
</dependency>
```

```
<dependency>
<groupId>org.apache.hadoop</groupId>
<artifactId>hadoop-mapreduce-client-core</artifactId>
<version>2.7.3</version>
</dependency>
```

因为 HBase 底层依赖 Hadoop，所以同时需要增加与 Hadoop 相关的依赖。

(2) 表操作

在包下面新建一个类 TableImpl，新建一个 main 函数，该类的代码结构如下：

【代码 4-24】 TableImpl 类代码结构

```
public class TableImpl {
  private static Configuration conf = null;
  static {
  conf = HBaseConfiguration.create();
  //生产环境
  conf.set("hbase.zookeeper.quorum", "huatec05:2181,huatec06:2181,huatec07:2181");
  }
  public static void main(String[] args) throws Exception {

  createTable();
  //dropTable();
  //put();
  //putAll();
  //get();
  //scan();
  //delete();
  }
  /**
   * 创建表
   *
   * @throws Exception
   */
  public static void createTable() throws Exception {
  }
  /**
```

```
     * 删除表
     * @throws Exception
     */
    public static void dropTable() throws Exception {
    }
    /**
     * 插入数据
     */
    public static void put()throws Exception{
    }
    /**
     * 插入100万条,测试时长为:
     */
    public static void putAll() throws Exception{
    }
    /**
     * 查询
     * @throws Exception
     */
    public static void get() throws Exception{
    }
    /**
     * 区间查询
     * @throws Exception
     */
    public static void scan() throws Exception{
    }
    /**
     * 删除
     * @throws Exception
     */
    public static void delete() throws Exception{
    }
}
```

上面的代码结构定义了一些与数据库操作相关的函数,我们可在 main 函数中对其进行调用。之后我们定义一个静态代码块,用于与 HBase 数据库建立连接,因为它是一个静态代码块,所以在 main 函数执行的时候,它最先执行。这里我们设置了一个指定 HBase 依赖的 Zookeeper 集群信息的属性为"hbase.zookeeper.quorum",简单设置这一个属性就可以与 HBase 建立连接了。需要注意的是,这里的属性值填写的是主机名,这需要我们在本机的 hosts 文件中添加主机名和 IP 的映射关系。

我们现在了解创建表的函数 createTable 是如何实现的,代码如下:

【代码 4-25】 createTable 函数代码

```
/**
 * 创建表
 *
 * @throws Exception
 */
public static void createTable() throws Exception {
Connection conn = ConnectionFactory.createConnection(conf);
Admin admin = conn.getAdmin();

HTableDescriptor table = new HTableDescriptor(TableName.valueOf("users"));
HColumnDescriptor family_hcd = new HColumnDescriptor("info");
HColumnDescriptor family_data = new HColumnDescriptor("data");
table.addFamily(family_hcd);
table.addFamily(family_data);

TableName tableName = table.getTableName();
if (admin.tableExists(tableName)) {
System.out.println(" 表已经存在 ");
return;
}
admin.createTable(table);
System.out.println(" 创建表成功 ");

admin.close();
conn.close();
}
```

创建表的过程中,我们需要先建立一个表操作通道的连接,ConnectionFactory 是一个静态工厂类,可以直接通过该类的类名来获取一个通道连接,并通过该连接获得一个表操作对象。然后我们在下面创建一个 user 表，包含 info、data 两个列族。在创建表之前我们应先判断该表是否已经存在，以避免重复创建，如果表已经存在，则在控制台打印提示信息，表创建成功后，要关闭通道连接。

上述代码执行效果如图 4-23 所示。

由图 4-23 可知，我们已经成功创建了 users 表，可以在 HBase shell 或浏览器访问：http://huatec01:16010 进行验证。

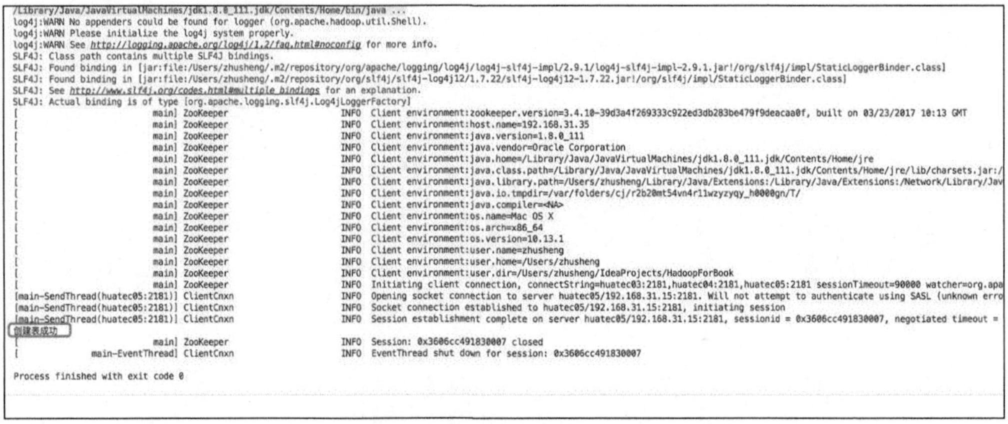

```
/Library/Java/JavaVirtualMachines/jdk1.8.0_111.jdk/Contents/Home/bin/java ...
log4j:WARN No appenders could be found for logger (org.apache.hadoop.util.Shell).
log4j:WARN Please initialize the log4j system properly.
log4j:WARN See http://logging.apache.org/log4j/1.2/faq.html#noconfig for more info.
SLF4J: Class path contains multiple SLF4J bindings.
SLF4J: Found binding in [jar:file:/Users/zhusheng/.m2/repository/org/apache/logging/log4j/log4j-slf4j-impl/2.9.1/log4j-slf4j-impl-2.9.1.jar!/org/slf4j/impl/StaticLoggerBinder.class]
SLF4J: Found binding in [jar:file:/Users/zhusheng/.m2/repository/org/slf4j/slf4j-log4j12/1.7.22/slf4j-log4j12-1.7.22.jar!/org/slf4j/impl/StaticLoggerBinder.class]
SLF4J: See http://www.slf4j.org/codes.html#multiple_bindings for an explanation.
SLF4J: Actual binding is of type [org.apache.logging.slf4j.Log4jLoggerFactory]
[                    main] ZooKeeper      INFO  Client environment:zookeeper.version=3.4.10-39d3a4f269333c922ed3db283be479f9deacaa0f, built on 03/23/2017 10:13 GMT
[                    main] ZooKeeper      INFO  Client environment:host.name=192.168.31.35
[                    main] ZooKeeper      INFO  Client environment:java.version=1.8.0_111
[                    main] ZooKeeper      INFO  Client environment:java.vendor=Oracle Corporation
[                    main] ZooKeeper      INFO  Client environment:java.home=/Library/Java/JavaVirtualMachines/jdk1.8.0_111.jdk/Contents/Home/jre
[                    main] ZooKeeper      INFO  Client environment:java.class.path=/Library/Java/JavaVirtualMachines/jdk1.8.0_111.jdk/Contents/Home/jre/lib/charsets.jar:/
[                    main] ZooKeeper      INFO  Client environment:java.library.path=/Users/zhusheng/Library/Java/Extensions:/Library/Java/Extensions:/Network/Library/Jav
[                    main] ZooKeeper      INFO  Client environment:java.io.tmpdir=/var/folders/cj/r2b20mt54vn4r11wzyzyqy_h0000gn/T/
[                    main] ZooKeeper      INFO  Client environment:java.compiler=<NA>
[                    main] ZooKeeper      INFO  Client environment:os.name=Mac OS X
[                    main] ZooKeeper      INFO  Client environment:os.arch=x86_64
[                    main] ZooKeeper      INFO  Client environment:os.version=10.13.1
[                    main] ZooKeeper      INFO  Client environment:user.name=zhusheng
[                    main] ZooKeeper      INFO  Client environment:user.home=/Users/zhusheng
[                    main] ZooKeeper      INFO  Client environment:user.dir=/Users/zhusheng/IdeaProjects/HadoopForBook
[                    main] ZooKeeper      INFO  Initiating client connection, connectString=huatec03:2181,huatec04:2181,huatec05:2181 sessionTimeout=90000 watcher=org.apa
[main-SendThread(huatec05:2181)] ClientCnxn  INFO  Opening socket connection to server huatec05/192.168.31.15:2181. Will not attempt to authenticate using SASL (unknown erro
[main-SendThread(huatec05:2181)] ClientCnxn  INFO  Socket connection established to huatec05/192.168.31.15:2181, initiating session
[main-SendThread(huatec05:2181)] ClientCnxn  INFO  Session establishment complete on server huatec05/192.168.31.15:2181, sessionid = 0x3606cc491830007, negotiated timeout =
创建表成功
[                    main] ZooKeeper      INFO  Session: 0x3606cc491830007 closed
[       main-EventThread] ClientCnxn     INFO  EventThread shut down for session: 0x3606cc491830007

Process finished with exit code 0
```

图4-23　调用Java API创建表

创建好了数据表，我们接下来向该表插入数据，put 函数是此次任务中定义的插入数据函数，代码如下：

【代码 4-26】　put 函数代码

```
/** * 插入数据 */
public static void put()throws Exception{
HTable htable = new HTable(conf, "users");

Put put = new Put(Byte.toByte("rk0001"));
put.add(Byte.toByte("info"), Byte.toByte("name"), Byte.
toByte("Tom Smith"));
htable.put(put);
System.out.println("插入成功");
htable.close();
}
```

我们首先获取一个表对象，指明数据插入操作对象；然后实例化一个 Put 对象，一个 Put 对象可以作为一条记录，rk0001 为 Row Key 名称；add() 函数依次指明列族、列的标识符和属性值（这里我们会发现，对 HBase 表进行的操作其实就是对类的对象、属性值进行的操作）；插入成功后，同样需要删除表通道连接。

HBase 是大数据存储数据库，即它主要针对大批量的数据进行操作，为了分析其大数据操作性能，我们编写一个函数，向数据库中插入 100 万条数据，然后观察其花费的时间，其代码如下：

【代码 4-27】 putAll 函数代码

```java
/*** 插入100万条，测试时长为：*/
public static void putAll() throws Exception{
    System.out.println("开始插入：" +new Date(System.currentTimeMillis()));
    HTable htable = new HTable(conf, "users");

    // 创建集合的时候就指定集合的大小。如果不指定集合的大小，集合默认大小是16，然后每次扩大1.5倍，这样自动扩大到一百万更耗时间。
    List<Put> puts = new ArrayList<>(10000);
    for(int i = 1; i<1000001; i++){
        Put put = new Put(Byte.toByte("rk" + i));
        put.add(Byte.toByte("info"), Byte.toByte("number"), Byte.toByte(i + ""));
        puts.add(put);

        // 每当集合装满10000时，提交一次
        if(i % 10000 ==0){
            htable.put(puts);
            //clear 的效率没有直接 new 的效率高
            puts = new ArrayList<>(10000);
        }
    }
    // 再提交一次，避免出现最后集合不满10000条
    htable.put(puts);
    System.out.println("插入完成：" + new Date(System.currentTimeMillis()));
    htable.close();
}
```

在上面的代码中，为了提高效率，我们新建了一个大小为 10000 的集合，每当集合

存满的时候，这 10000 条数据被一次性提交；然后清空集合，进行下一次缓存、提交、清空操作，直到数据全部提交完毕，上述代码执行结果如图 4-24 所示。

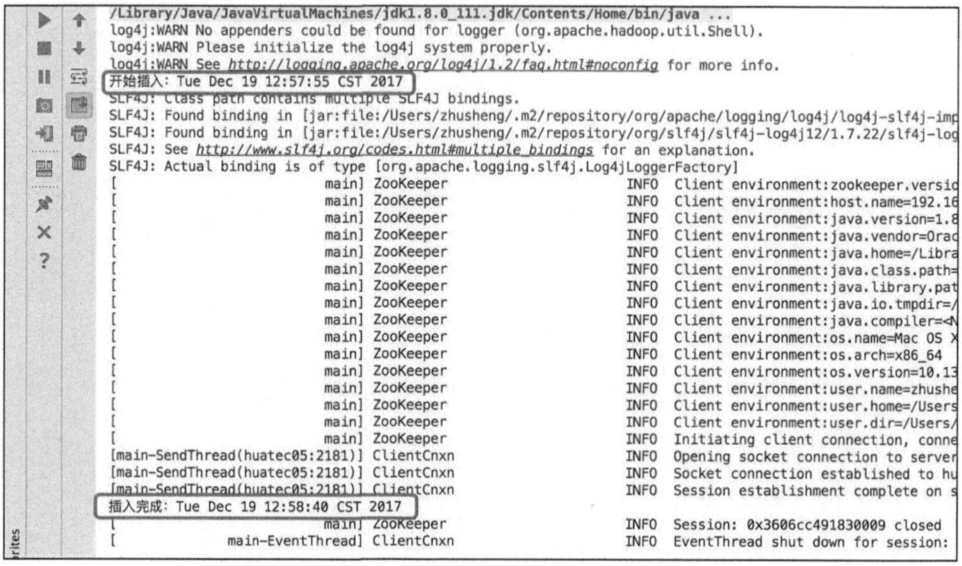

图4-24 插入100万条数据

从图 4-24 我们可以发现，插入 100 万条数据花费的时间为 45 秒。

有了数据之后，我们尝试查询 users 表的数据，代码如下：

【代码 4-28】 get 函数代码

```java
/** * 查询
* @throws Exception */
public static void get() throws Exception{
HTable htable = new HTable(conf, "users");
Get get = new Get(Byte.toByte("rk10000"));
//get.setMaxVersions(5);
Result result = htable.get(get);
if(!result.isEmpty()){
List<KeyValue> list = result.list();
for(KeyValue kv:list){
System.out.println("family-->"+new String(kv.getFamily()));
System.out.println("qualifier-->" +new String(kv.getQualifier()));
System.out.println("value-->" + new String(kv.getValue()));
}
}else{
```

```
System.out.println("不存在");
}
htable.close();
}
```

从代码 4-26 我们可以看出，查询 Row Key 为 rk10000 的记录，查询结果是一个 Result 结果集。使用 Get 查询只能获取一条记录，如果我们想查询某个区间范围的值，需要用到 Scan 对象，代码如下：

【代码 4-29】 Scan 函数代码

```
/** 区间查询
 * @throws Exception*/
public static void scan() throws Exception{
HTable htable = new HTable(conf, "users");
Scan scan = new Scan(Byte.toByte("rk49990"), Byte.toByte("rk50000"));
ResultScanner results = htable.getScanner(scan);

for(Result re:results){
byte[] value = re.getValue(Byte.toByte("info"), Byte.toByte("number"));
System.out.println(Byte.toString(value));
}
htable.close();
}
```

增、删、改、查 4 种基本操作中表的删除操作存在较高风险，这里我们建立一个测试的空白表来测试删除表操作，代码如下：

【代码 4-30】 dropTable 函数代码

```
/**
 * 删除表
 * @throws Exception
 */
public static void dropTable() throws Exception {
Connection conn = ConnectionFactory.createConnection(conf);
Admin admin = conn.getAdmin();
TableName tableName = TableName.valueOf("temp");
```

```
//Disable an existing table
admin.disableTable(tableName);
//Delete a table (Need to be disabled first)
admin.deleteTable(tableName);
System.out.println(" 删除表成功 ");
}
```

我们创建一个临时表 temp，然后调用上面的函数执行删除操作。

删除表的过程十分简单，也是需要获取一个通道连接，然后执行删除操作，需要注意的一点是，在删除之前，必须先调用 disableTable() 函数让表不可用，否则会提示异常信息。删除成功后，我们在控制台打印一条日志信息，这样就可以根据它来判断自己的执行操作是否成功。

（3）列族操作

我们在 com.huatec.hbase 包下再新建一个文件 ColumnImpl，用于进行列族操作，此处的操作主要涉及列族的增删改操作，其逻辑和第（2）部分比较相似。

ColumnImpl 类的代码如下：

【代码 4-31】 ColumnImpl.java 代码

```
public class ColumnImpl {
private static Configuration conf = null;
private static String TABLE_NAME = "users";

public static void main(String[] args) throws Exception {
conf = new Configuration();
conf.set("hbase.zookeeper.quorum", "huatec05:2181,huatec06:2181,huatec07:2181");

//addColumnFamily();
//modifyColumnFamily();
delColumnFamily();
}
/**
 * 增加列族
 * @throws Exception
 */
public static void addColumnFamily() throws Exception {
Connection conn = ConnectionFactory.createConnection(conf);
```

```java
// 检查表是否存在
TableName tablename = TableName.valueOf(TABLE_NAME);
Admin admin = conn.getAdmin();
if (!admin.tableExists(tablename)) {
System.out.println(" 表不存在 ");
System.exit(-1);
}
// 增加一个列族
HColumnDescriptor newColumn = new HColumnDescriptor("mark");
newColumn.setCompactionCompressionType(Algorithm.GZ);
newColumn.setMaxVersions(3);
admin.addColumn(tablename, newColumn);
System.out.println(" 增加列族 ");

admin.close();
conn.close();

}
/**
 * 更新列族
 * @throws Exception
 */
public static void modifyColumnFamily() throws Exception {
Connection conn = ConnectionFactory.createConnection(conf);
// 检查表是否存在
TableName tablename = TableName.valueOf(TABLE_NAME);
Admin admin = conn.getAdmin();
if (!admin.tableExists(tablename)) {
System.out.println(" 表不存在 ");
System.exit(-1);
}
// 更新已有列族
HTableDescriptor table = admin.getTableDescriptor(tablename);
HColumnDescriptor existColumn = new HColumnDescriptor("info");
existColumn.setCompactionCompressionType(Algorithm.GZ);
existColumn.setMaxVersions(HConstants.ALL_VERSIONS);
table.modifyFamily(existColumn);
admin.modifyTable(tablename, table);
System.out.println(" 更新列族 ");

admin.close();
```

```
conn.close();
}
/**
 * 删除列族
 * @throws Exception
 */
public static void delColumnFamily() throws Exception {
Connection conn = ConnectionFactory.createConnection(conf);
// 检查表是否存在
TableName tablename = TableName.valueOf(TABLE_NAME);
Admin admin = conn.getAdmin();
if (!admin.tableExists(tablename)) {
System.out.println(" 表不存在 ");
System.exit(-1);
}
// 删除列族
admin.deleteColumn(tablename, "mark".getByte());
System.out.println(" 删除列族 ");

admin.close();
conn.close();
}
}
```

HBase Java 开发过程简单而言就是在项目中调用 HBase 开放的 API，并将对数据库的直接操作转换为对类的操作，当然，我们也可以结合一些 Java Web 框架来构造一些高级的应用。

4.3.3 任务回顾

 知识点总结

1. HBase Shell 基本操作。
2. HBase 常用 Java 类和常用 API 说明。
3. HBase Java 开发实战。

 学习足迹

项目 4 任务三的学习足迹如图 4-25 所示。

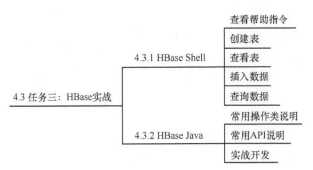

图4-25　项目4任务三学习足迹

思考与练习

1. 使用 HBase Shell 创建"student"表，该表包含有学生 id、学生姓名、学号、专业、班级、平均学分、获奖次数情况等信息，然后尝试插入几条记录。

2. 编写 Java 代码，调用 Java API 实现题 1 中的功能。

4.4　项目总结

通过本项目的学习，掌握分布式存储数据库 HBase 的相关基础知识，如 HBase 框架结构、HBase 表结构分析等；了解数据库存储结构和存储方式；掌握 HBase 的单节点部署；掌握 HBase 的集群部署；掌握 Hbase Shell 操作；掌握 HBase 的 Java 编程基础，如图 4-26 所示。

通过本项目的学习，提高应用 Linux 系统能力，探索新知的能力、HBase 编程开发能力。

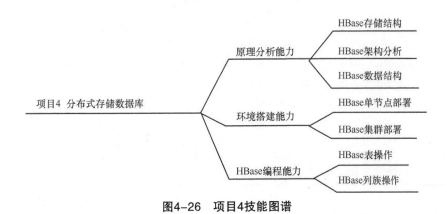

图4-26　项目4技能图谱

4.5 拓展训练

自主分析：创建 HBase 表并进行数据插入分析。

◆ **调研要求**

① 在代码中配置数据库连接，连接一个测试数据库，如果没有测试数据库，请通过代码的形式新建一个测试数据库。

② 编写代码在测试数据库中新建一张测试数据表。

③ 编写数据插入函数，传入需要插入的数据条数，数据的内容形式不限。

④ 分别进行 1 条、10 条、100 条以及 1 万、10 万、20 万、50 万、100 万等数据插入，并分别统计对应的时间。

⑤ 采用图表的方式分析插入的数据量和时间的关系，并表达你的结论。

◆ **格式要求**：使用 IDEA 开发工具，业务流程采用 ppt 的形式展示。

◆ **考核方式**：提交代码，分组进行测试评分，并以 ppt 的形式汇报自己的分析结论，时间要求 15~20 分钟。

◆ **评估标准**：见表 4-8。

表4-8 拓展训练评估

项目名称： 创建HBase表并进行数据插入分析		项目承接人： 姓名：	日期：
项目要求		评价标准	得分情况
总体要求： ① 连接数据库并创建测试数据表。 ② 编写数据插入函数，并测试不同数量级的数据插入，统计对应的插入时间。 ③ 以图表的形式对统计的结果进行分析（如折线图）		① 建立数据库连接（10分）。 ② 代码逻辑合理，并成功编写创建测试数据库、测试表的相关代码（30分）。 ③ 代码逻辑合理，并完成编写数据插入函数并执行插入，统计执行时间（40分）。 ④ 能够以图形化的方式对统计结果进行分析，并得出相应的结论（20分）	
评价人		评价说明	备注
个人			
老师			

项目 5
数据迁移和数据采集

项目引入

将数据存入 HBase 中以后,我们对数据的处理效率有了明显的提高。正当我准备向上级汇报工作进展的时候,Suzan 再次向我提出了新问题。

> Suzan:Snkey,我突然想到一个问题,我们怎么处理以前的数据。
>
> 我:以前什么数据,你能解释一下么?
>
> Suzan:我们的电商系统在运用 HBase 之前存储在关系型数据库中的那些数据,那些数据的量已经非常庞大了,如果我们对这些数据进行处理和分析也能挖掘出许多有用信息。
>
> 我:这个问题我在部署 HBase 的时候就已经想到了,只是处理这些数据之前需要先将数据导入 HDFS,不仅如此,我还在我们的集群中部署了一个日志收集工具,这样收集的日志应该也很具有分析的价值。
>
> Suzan:这样确实可以解决这个问题。

其实这个问题并不难,Hadoop 生态圈中的 Sqoop 就能帮助我们解决这个问题,Sqoop 不仅能将关系型数据库中的数据导入到 HDFS 中,也能将 HDFS 中的数据迁移到关系型数据库中;至于日志采集,我们只需要引入 Flume 工具即可。

知识图谱

项目 5 的知识图谱如图 5-1 所示。

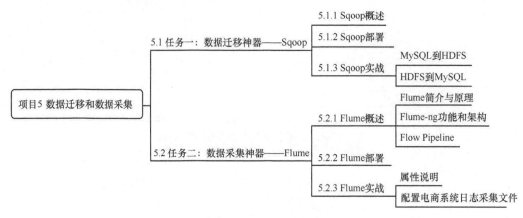

图5-1 项目5知识图谱

5.1 任务一：数据迁移神器——Sqoop

【任务描述】

Apache 框架 Hadoop 是一个应用范围越来越广的分布式计算环境，在其出现之前，大多数的应用数据都存储在传统数据库中。随着 Sqoop 框架的出现，更多用户将数据集在 Hadoop 和传统数据库之间转移。在数据爆发的时代，海量数据就是黄金，有了 Sqoop 的出现，我们就可以将传统数据库中的数据充分利用起来。

5.1.1 Sqoop概述

2009 年出现的 Sqoop 项目，早期只是作为 Hadoop 的一个第三方模块存在，后来，为了让开发人员能够更快速地进行迭代开发，也为了让使用者能够快速部署，Sqoop 独立出来成为一个 Apache 项目。Sqoop 是 SQL-to-Hadoop 的简写，从名称我们可以看出，Sqoop 的作用是将关系型数据库中的数据和分布式文件系统中的数据进行相互传递。Sqoop 可以将如 MySQL、Oracle 等关系型数据库中的数据导入如 HDFS、Hive、Hbase 等的分布式文件系统数据库中；也可以把如 HDFS、Hive、Hbase 等的分布式文件系统数据库中的数据导入到如 MySQL、Oracle 关系型数据库中，它们的关系如图 5-2 所示。

Sqoop 是一款工具，Sqoop 中有任务翻译器（Task Translator），它可以将 shell 命令和 Java api 命令转换为对应的 MapReduce 任务。所以用户可以通过客户端的 shell 命令或者 Java api 命令来控制关系型数据库和 Hadoop 中的数据的相互转移，进而完成数据的拷贝，其过程如图 5-3 所示。

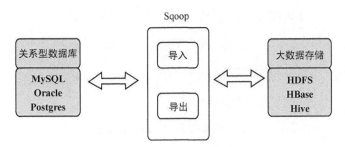

图5-2 Sqoop导入和导出

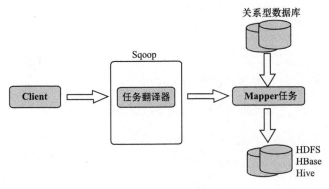

图5-3 Sqoop架构

Sqoop指令只要遵循其语法规则，任务翻译器就能将其转换为对应的MapReduce任务来执行，正是因为这种转换思想，用户可以将大量的数据迁移工作通过分布式任务（MapReduce）来处理，这样不仅提高了效率，也使整个任务的执行可靠性有了保障。

Sqoop在数据迁移领域能够独当一面，接下来，我们将介绍Sqoop的安装和实战方面的内容。

5.1.2 Sqoop部署

Sqoop作为实现数据迁移的一个工具，本身并不执行复杂性的工作，其核心是识别和使用任务翻译器将用户输入的指令语句转换为简单的MapReduce任务，所以无须使用集群来保证高可用性，执行语句只有成功和失败两个结果，我们可以很清楚地知道MapReduce任务执行的结果如何。

下载好Sqoop以后，我们选择一个任务不是很繁重的节点安装Sqoop即可。NameNode、ResouceManager和HMaster都是比较耗费资源的进程，所以我们选择huatec05进行安装。

下载好Sqoop安装包，将其上传到服务器，上传代码如下：

【代码 5-1】 上传 Sqoop 安装包到安装节点

```
scp /Users/zhusheng/Backup/hadoop/sqoop-1.4.6.bin__hadoop-2.0.4-alpha.tar.gz huatec05:/home/zhusheng/
```

解压 Sqoop 即可完成安装，代码如下：

【代码 5-2】 安装 Sqoop

```
[root@huatec05 ~] #tar -zxvf sqoop-1.4.6.bin__hadoop-2.0.4-alpha.tar.gz -C /huatec/
[root@huatec05 ~] #mv sqoop-1.4.6.bin__hadoop-2.0.4-alpha/ sqoop-1.4.6
```

为了方便在节点的任意位置都可以使用 Sqoop 工具，首先将其配置为全局变量，"vi /etc/profile" 打开配置文件，在结尾增加如下代码：

【代码 5-3】 配置 Sqoop 环境变量

```
export SQOOP_HOME=/huatec/sqoop-1.4.6
export PATH=$PATH:$SQOOP_HOME/bin
```

需要注意的是，如果我们需要在 MySQL 和 Hadoop（HDFS、HBase、Hive）之间迁移数据，就必须将 MySQL 连接驱动拷贝到 $SQOOP_HOME/lib 目录下，如果是其他的数据库，同样也需要相应的数据库连接驱动。

我们最初使用 mysql-connector-5.1.8.jar，但是该版本在使用的时候会出现严重的问题，后来我们更新高版本后，这个问题就便解决了，因此，我们建议使用高版本的 MySQL 连接器，这里将使用的是 mysql-connector-java-5.1.42-bin.jar。

5.1.3 Sqoop实战

公司的电商系统上线已经有一年多了，已经产生了很多数据，在进行数据分析前，我们需要使用 Sqoop 工具将这些数据导入到 HDFS 上进行分析。

Sqoop 提供了导入的基本指令，可以通过执行 "Sqoop --help" "Sqoop import" "Sqoop export" 等命令来查看帮助指令。特别需要注意的是：Sqoop 的执行是具有方向性的，从关系型数据库导出到 Hadoop，需要使用 Sqoop import 指令；反之，使用 Sqoop export。

在执行导入之前，我们首先对 Sqoop 参数进行简要的说明。

① connect：建立一个数据库连接。

② table user：指定导出数据表，它和 connect 一起指定输入连接。

③ columns：导入指定字段。需要导出关系型数据库表的哪些字段信息。

④ where：可以为导出数据指定条件。

⑤ target-dir：指定输出路径。比如，需要将其倒入到 HDFS，那么 target-dir 指定的就是 HDFS 的一个路径。

⑥ fields-terminated-by：指定数据分隔符，不指定默认使用","作为分隔符。

⑦ m: 指定 Mapper 数量。如果设置 map 数量为 1 时即 "-m 1"，不用添加 split-by ${tablename.column}，否则需要加上相应内容。

⑧ query：使用查询语句（使用 \ 将语句换行）。如果使用 query 命令的时候，需要注意 where 后面的参数，必须加上 AND $CONDITIONS 参数。查询条件部分存在单引号与双引号的区别，如果 query 后面使用的是双引号，那么需要在 $CONDITIONS 前添加 \ 即 \$CONDITIONS。

Sqoop 语法比较严格，但我们也不必担心一定会出错，Sqoop 执行日志会打印详细的出错原因，我们可以找出原因然后逐步完善 Sqoop 语句。

> 【注意】
>
> 在执行 Sqoop 指令前，需要为数据库配置远程访问权限，代码如下：
> MySQL> GRANT ALL PRIVILEGES ON *.* TO 'zhusheng'@'%' IDENTIFIED BY 'admin' WITH GRANT OPTION;
> Query OK, 0 rows affected, 1 warning (0.01 sec)

1. MySQL 到 HDFS

通过 Sqoop 将电商系统的商品品牌数据导入到 HDFS，先在数据库中查看一下电商系统的品牌数据，需要导入的数据如图 5-4 所示。

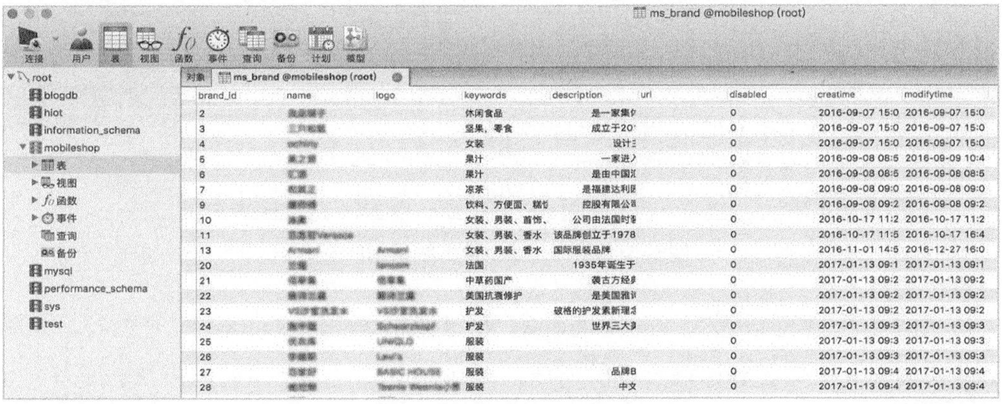

图 5-4 MySQL 电商数据

这里使用的是 MySQL 客户端软件 Navicat Premium，我们也可以使用其他的 MySQL 客户端软件来连接和操作数据库。

基于上述的语法和参数说明，编写一个简单的 Sqoop 语句进行导入，语句如下：

【代码 5-4】 数据导入

```
sqoop import --connect jdbc:mysql://192.168.31.35:3306/mobileshop
--username root --password admin888  --table ms_brand --columns
="brand_id,name,keywords,description" --target-dir '/hb2'
```

添加字段限制条件的原因是 Sqoop 在导入和导出一些包含 TimeStamp 字段的属性常常会因为格式的问题而失败，所以这里删除了与时间有关的属性，避免这种问题的发生。在第 2 版中，会及时更新这个问题的解决方法。

导入 columns 中的都是一些需要被分析的关键数据。

上述语句的执行结果如图 5-5 所示。

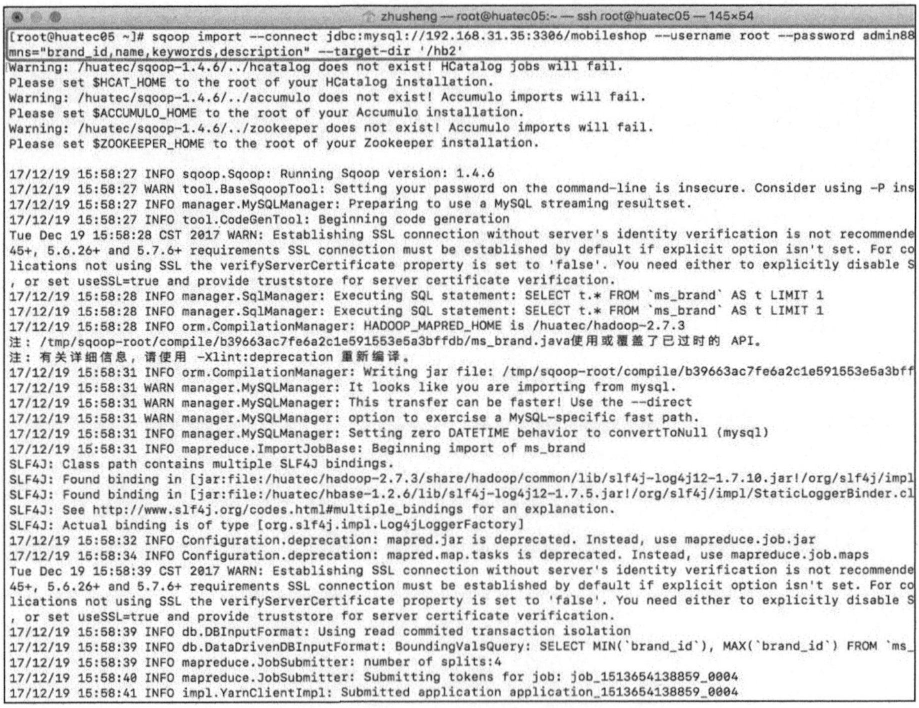

```
zhusheng — root@huatec05:~ — ssh root@huatec05 — 145×54
[root@huatec05 ~]# sqoop import --connect jdbc:mysql://192.168.31.35:3306/mobileshop --username root --password admin88
mns="brand_id,name,keywords,description" --target-dir '/hb2'
Warning: /huatec/sqoop-1.4.6/../hcatalog does not exist! HCatalog jobs will fail.
Please set $HCAT_HOME to the root of your HCatalog installation.
Warning: /huatec/sqoop-1.4.6/../accumulo does not exist! Accumulo imports will fail.
Please set $ACCUMULO_HOME to the root of your Accumulo installation.
Warning: /huatec/sqoop-1.4.6/../zookeeper does not exist! Accumulo imports will fail.
Please set $ZOOKEEPER_HOME to the root of your Zookeeper installation.

17/12/19 15:58:27 INFO sqoop.Sqoop: Running Sqoop version: 1.4.6
17/12/19 15:58:27 WARN tool.BaseSqoopTool: Setting your password on the command-line is insecure. Consider using -P ins
17/12/19 15:58:27 INFO manager.MySQLManager: Preparing to use a MySQL streaming resultset.
17/12/19 15:58:27 INFO tool.CodeGenTool: Beginning code generation
Tue Dec 19 15:58:28 CST 2017 WARN: Establishing SSL connection without server's identity verification is not recommende
45+, 5.6.26+ and 5.7.6+ requirements SSL connection must be established by default if explicit option isn't set. For co
lications not using SSL the verifyServerCertificate property is set to 'false'. You need either to explicitly disable S
, or set useSSL=true and provide truststore for server certificate verification.
17/12/19 15:58:28 INFO manager.SqlManager: Executing SQL statement: SELECT t.* FROM `ms_brand` AS t LIMIT 1
17/12/19 15:58:28 INFO manager.SqlManager: Executing SQL statement: SELECT t.* FROM `ms_brand` AS t LIMIT 1
17/12/19 15:58:28 INFO orm.CompilationManager: HADOOP_MAPRED_HOME is /huatec/hadoop-2.7.3
注：/tmp/sqoop-root/compile/b39663ac7fe6a2c1e591553e5a3bffdb/ms_brand.java使用或覆盖了已过时的 API。
注：有关详细信息，请使用 -Xlint:deprecation 重新编译。
17/12/19 15:58:31 INFO orm.CompilationManager: Writing jar file: /tmp/sqoop-root/compile/b39663ac7fe6a2c1e591553e5a3bff
17/12/19 15:58:31 WARN manager.MySQLManager: It looks like you are importing from mysql.
17/12/19 15:58:31 WARN manager.MySQLManager: This transfer can be faster! Use the --direct
17/12/19 15:58:31 WARN manager.MySQLManager: option to exercise a MySQL-specific fast path.
17/12/19 15:58:31 INFO manager.MySQLManager: Setting zero DATETIME behavior to convertToNull (mysql)
17/12/19 15:58:31 INFO mapreduce.ImportJobBase: Beginning import of ms_brand
SLF4J: Class path contains multiple SLF4J bindings.
SLF4J: Found binding in [jar:file:/huatec/hadoop-2.7.3/share/hadoop/common/lib/slf4j-log4j12-1.7.10.jar!/org/slf4j/impl
SLF4J: Found binding in [jar:file:/huatec/hbase-1.2.6/lib/slf4j-log4j12-1.7.5.jar!/org/slf4j/impl/StaticLoggerBinder.cl
SLF4J: See http://www.slf4j.org/codes.html#multiple_bindings for an explanation.
SLF4J: Actual binding is of type [org.slf4j.impl.Log4jLoggerFactory]
17/12/19 15:58:32 INFO Configuration.deprecation: mapred.jar is deprecated. Instead, use mapreduce.job.jar
17/12/19 15:58:34 INFO Configuration.deprecation: mapred.map.tasks is deprecated. Instead, use mapreduce.job.maps
Tue Dec 19 15:58:39 CST 2017 WARN: Establishing SSL connection without server's identity verification is not recommende
45+, 5.6.26+ and 5.7.6+ requirements SSL connection must be established by default if explicit option isn't set. For co
lications not using SSL the verifyServerCertificate property is set to 'false'. You need either to explicitly disable S
, or set useSSL=true and provide truststore for server certificate verification.
17/12/19 15:58:39 INFO db.DBInputFormat: Using read commited transaction isolation
17/12/19 15:58:39 INFO db.DataDrivenDBInputFormat: BoundingValsQuery: SELECT MIN(`brand_id`), MAX(`brand_id`) FROM `ms_
17/12/19 15:58:39 INFO mapreduce.JobSubmitter: number of splits:4
17/12/19 15:58:40 INFO mapreduce.JobSubmitter: Submitting tokens for job: job_1513654138859_0004
17/12/19 15:58:41 INFO impl.YarnClientImpl: Submitted application application_1513654138859_0004
```

图5-5　从MySQL 导出数据到HDFS

从图 5-5 我们可以看出 Sqoop 将执行语句转换为 MapReduce 任务执行，这是由 Sqoop 的核心——任务翻译器给予的便捷，否则我们必须采用原始的方法去编写较长的逻辑代码才能完成此数据迁移任务。MapReduce 执行完成后，访问 HDFS 主页查看结果，过程如图 5-6 所示。

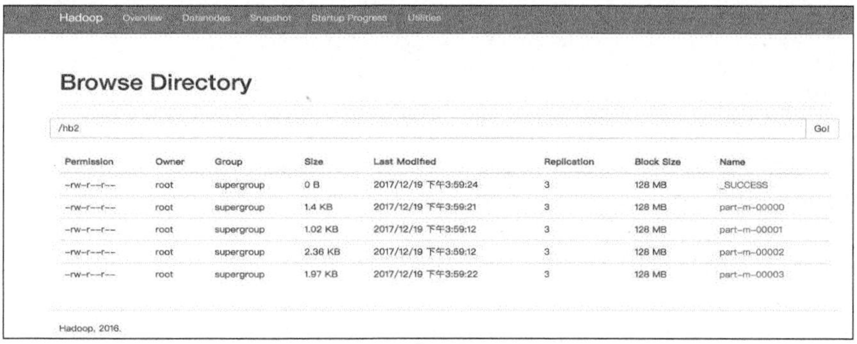

图5-6　数据迁移结果

从图 5-6 中我们可以看出：导入操作是非常成功的，这说明这里 Sqoop 基本语句没有问题，在之后的练习中，我们可以仿照上面的 Sqoop 语句进行变换，尝试添加更多的参数来熟悉这些参数的作用。

2. HDFS 到 MySQL

如果想把上述导入到 HDFS 的数据重新导出到 MySQL 数据库，Sqoop export 操作需要有一张和 HDFS 数据结构完全一样的空表来承载将要导出的数据。参照 ms_brand 的表结构来创建该表，取名为"ms_brand_bak"，这个操作是完全的 MySQL 操作方式，这里不进行演示。

为了不打乱数据库表结构，在测试数据库"test"中创建"ms_brand_bak"表，创建完成后，表结构如图 5-7 所示。

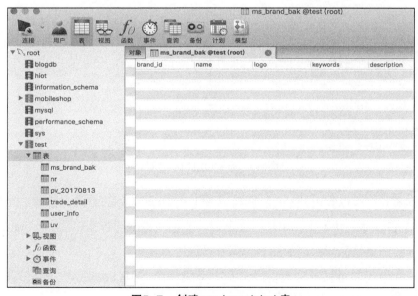

图5-7　创建ms_brand_bak表

接下来就是编写 Sqoop export 语句，导出语句要比导入语句简单很多，此处的 Sqoop 导出语句如下：

【代码 5-5】 Sqoop export 指令

```
  sqoop export --connect jdbc:mysql://192.168.31.35:3306/test --username
root --password
  admin888 --export-dir '/hb2' --table ms_brand_bak -m 1
```

在 huatec05 上执行该语句，执行结果如图 5-8 所示。

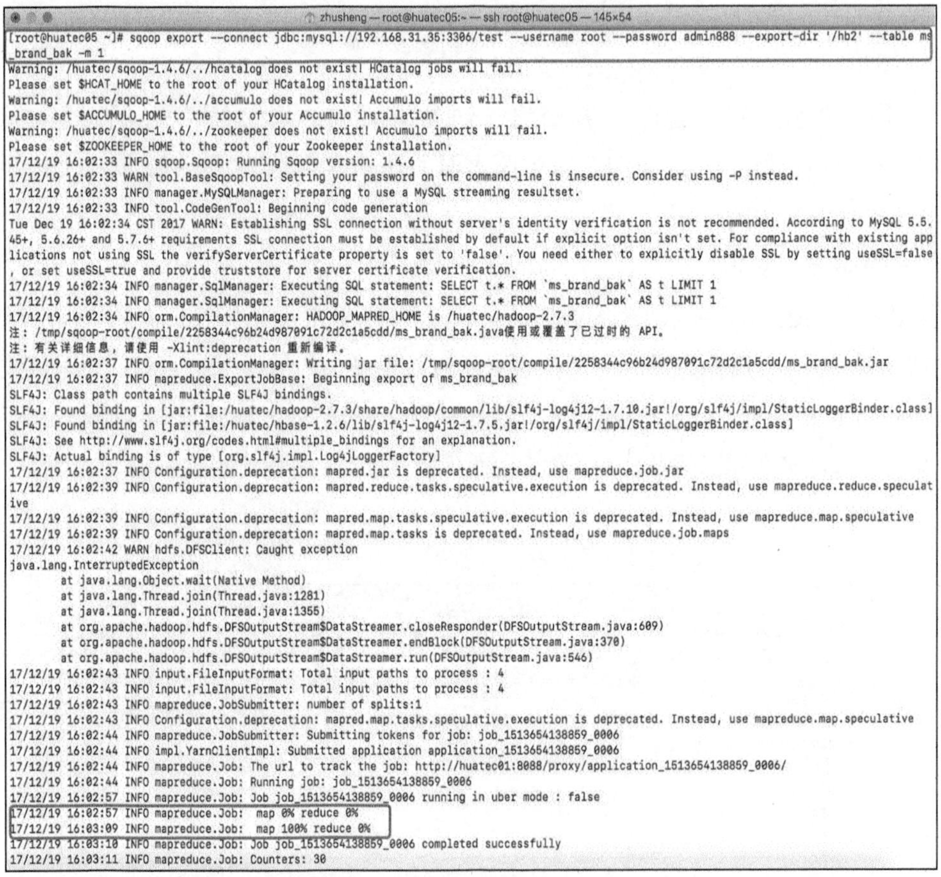
```
[root@huatec05 ~]# sqoop export --connect jdbc:mysql://192.168.31.35:3306/test --username root --password admin888 --export-dir '/hb2' --table ms
_brand_bak -m 1
Warning: /huatec/sqoop-1.4.6/../hcatalog does not exist! HCatalog jobs will fail.
Please set $HCAT_HOME to the root of your HCatalog installation.
Warning: /huatec/sqoop-1.4.6/../accumulo does not exist! Accumulo imports will fail.
Please set $ACCUMULO_HOME to the root of your Accumulo installation.
Warning: /huatec/sqoop-1.4.6/../zookeeper does not exist! Accumulo imports will fail.
Please set $ZOOKEEPER_HOME to the root of your Zookeeper installation.
17/12/19 16:02:33 INFO sqoop.Sqoop: Running Sqoop version: 1.4.6
17/12/19 16:02:33 WARN tool.BaseSqoopTool: Setting your password on the command-line is insecure. Consider using -P instead.
17/12/19 16:02:33 INFO manager.MySQLManager: Preparing to use a MySQL streaming resultset.
17/12/19 16:02:33 INFO tool.CodeGenTool: Beginning code generation
Tue Dec 19 16:02:34 CST 2017 WARN: Establishing SSL connection without server's identity verification is not recommended. According to MySQL 5.5.
45+, 5.6.26+ and 5.7.6+ requirements SSL connection must be established by default if explicit option isn't set. For compliance with existing app
lications not using SSL the verifyServerCertificate property is set to 'false'. You need either to explicitly disable SSL by setting useSSL=false
, or set useSSL=true and provide truststore for server certificate verification.
17/12/19 16:02:34 INFO manager.SqlManager: Executing SQL statement: SELECT t.* FROM `ms_brand_bak` AS t LIMIT 1
17/12/19 16:02:34 INFO manager.SqlManager: Executing SQL statement: SELECT t.* FROM `ms_brand_bak` AS t LIMIT 1
17/12/19 16:02:34 INFO orm.CompilationManager: HADOOP_MAPRED_HOME is /huatec/hadoop-2.7.3
注: /tmp/sqoop-root/compile/2258344c96b24d987091c72d2c1a5cdd/ms_brand_bak.java使用或覆盖了已过时的 API。
注: 有关详细信息, 请使用 -Xlint:deprecation 重新编译。
17/12/19 16:02:37 INFO orm.CompilationManager: Writing jar file: /tmp/sqoop-root/compile/2258344c96b24d987091c72d2c1a5cdd/ms_brand_bak.jar
17/12/19 16:02:37 INFO mapreduce.ExportJobBase: Beginning export of ms_brand_bak
SLF4J: Class path contains multiple SLF4J bindings.
SLF4J: Found binding in [jar:file:/huatec/hadoop-2.7.3/share/hadoop/common/lib/slf4j-log4j12-1.7.10.jar!/org/slf4j/impl/StaticLoggerBinder.class]
SLF4J: Found binding in [jar:file:/huatec/hbase-1.2.6/lib/slf4j-log4j12-1.7.5.jar!/org/slf4j/impl/StaticLoggerBinder.class]
SLF4J: See http://www.slf4j.org/codes.html#multiple_bindings for an explanation.
SLF4J: Actual binding is of type [org.slf4j.impl.Log4jLoggerFactory]
17/12/19 16:02:37 INFO Configuration.deprecation: mapred.jar is deprecated. Instead, use mapreduce.job.jar
17/12/19 16:02:39 INFO Configuration.deprecation: mapred.reduce.tasks.speculative.execution is deprecated. Instead, use mapreduce.reduce.speculat
ive
17/12/19 16:02:39 INFO Configuration.deprecation: mapred.map.tasks.speculative.execution is deprecated. Instead, use mapreduce.map.speculative
17/12/19 16:02:39 INFO Configuration.deprecation: mapred.map.tasks is deprecated. Instead, use mapreduce.job.maps
17/12/19 16:02:42 WARN hdfs.DFSClient: Caught exception
java.lang.InterruptedException
        at java.lang.Object.wait(Native Method)
        at java.lang.Thread.join(Thread.java:1281)
        at java.lang.Thread.join(Thread.java:1355)
        at org.apache.hadoop.hdfs.DFSOutputStream$DataStreamer.closeResponder(DFSOutputStream.java:609)
        at org.apache.hadoop.hdfs.DFSOutputStream$DataStreamer.endBlock(DFSOutputStream.java:370)
        at org.apache.hadoop.hdfs.DFSOutputStream$DataStreamer.run(DFSOutputStream.java:546)
17/12/19 16:02:43 INFO input.FileInputFormat: Total input paths to process : 4
17/12/19 16:02:43 INFO input.FileInputFormat: Total input paths to process : 4
17/12/19 16:02:43 INFO mapreduce.JobSubmitter: number of splits:1
17/12/19 16:02:43 INFO Configuration.deprecation: mapred.map.tasks.speculative.execution is deprecated. Instead, use mapreduce.map.speculative
17/12/19 16:02:44 INFO mapreduce.JobSubmitter: Submitting tokens for job: job_1513654138859_0006
17/12/19 16:02:44 INFO impl.YarnClientImpl: Submitted application application_1513654138859_0006
17/12/19 16:02:44 INFO mapreduce.Job: The url to track the job: http://huatec01:8088/proxy/application_1513654138859_0006/
17/12/19 16:02:44 INFO mapreduce.Job: Running job: job_1513654138859_0006
17/12/19 16:02:57 INFO mapreduce.Job: Job job_1513654138859_0006 running in uber mode : false
17/12/19 16:02:57 INFO mapreduce.Job:  map 0% reduce 0%
17/12/19 16:03:09 INFO mapreduce.Job:  map 100% reduce 0%
17/12/19 16:03:10 INFO mapreduce.Job: Job job_1513654138859_0006 completed successfully
17/12/19 16:03:11 INFO mapreduce.Job: Counters: 30
```

图5-8 Sqoop export效果

从图 5-8 我们可以看出，Sqoop 同样以 MapReduce 任务的方式来完成数据导出操作，图中显示 MapReduce 任务执行成功。接下来，我们访问 test 数据库的 ms_brand_bak 表查看一下导出的结果是怎样的，如图 5-9 所示。

从图 5-9 中我们可以看到数据导出是完全成功的，但是出现了一些小问题，中文数据完全是乱码的。乱码在数据迁移和数据同步中，是很常见的问题之一，其产生的主要原因是两个软件或平台之间的编码不一致。

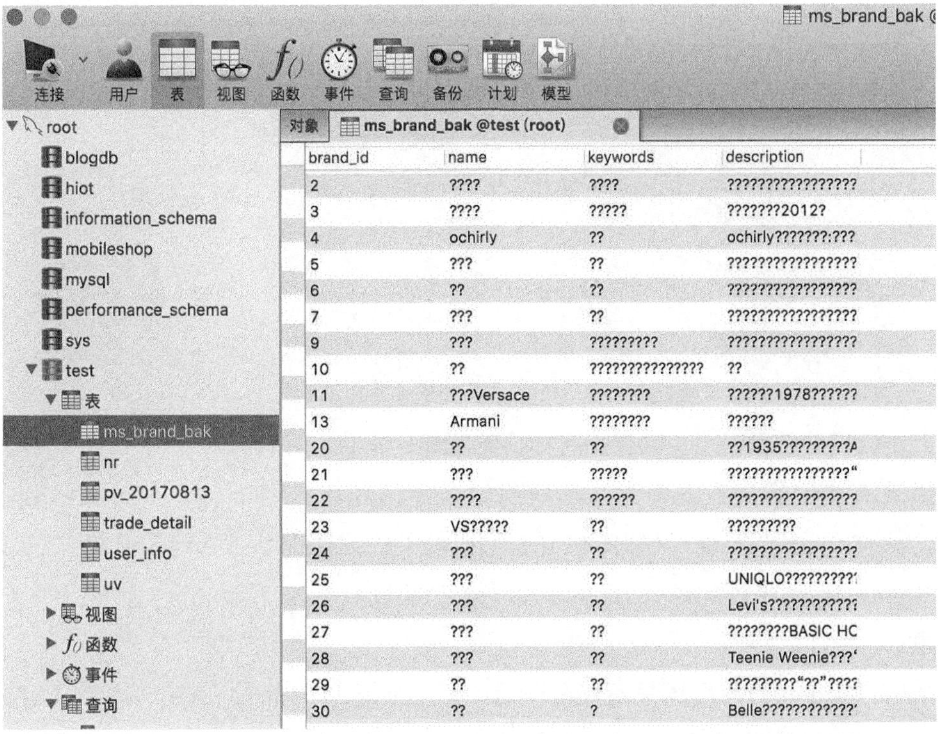

图5-9　Sqoop export导出结果

之所以展示一个乱码的执行结果，就是为了方便给出对应的解决方案，因为用户在数据的导出过程中很可能会被这个问题所困扰。解决方案如下。

（1）在创建数据库和数据承载表的时候，指定数据库和数据表的编码格式

指定数据库和数据表编码格式的执行方式如下：

【代码5-6】　数据库和数据表编码

```
mysql> CREATE DATABASE 'test' DEFAULT CHARACTER SET utf8 COLLATE utf8_general_ci;
mysql>use test;
mysql> CREATE TABLE 'ms_brand_bak' (
   'brand_id' int(11) NOT NULL AUTO_INCREMENT,
   'name' varchar(50) NOT NULL,
   'keywords' text,
   'description' text,
   PRIMARY KEY ('brand_id')
) ENGINE=InnoDB AUTO_INCREMENT=46 DEFAULT CHARSET=utf8;
```

上面的代码重现了创建数据库 test 和数据表 ms_brand_bak 的 SQL 语句，如果出现了乱码的问题，我们可以参考上述的 SQL 语句去新建承载数据库和数据表。

（2）指定 Sqoop 编码

执行 Sqoop export 语句的时候指定编码的代码如下：

【代码 5-7】 Sqoop export 指定编码格式

```
sqoop export
 --connect
  "jdbc:mysql://192.168.31.35:3306/test?useUnicode=true&characterEncoding=utf-8"
  ...
```

上述的代码展示了连接数据库时如何设置编码格式。

如果上述的解决方案都无法解决问题，那问题应该与平台本身的编码有关，这时我们就需要去验证导入到 HDFS 的数据库和数据表是否是 utf-8 的格式，或者尝试为 Sqoop import 语句添加编码格式，或者尝试查找与 Hadoop 平台设置编码相关的问题。

当然，Sqoop 的使用场景不仅限于这些，它还可以完成 MySQL（当然还有其他的关系型数据库，这里都以 MySQL 作为代表）与 HBase、Hive 之间的数据迁移。它们的操作和上述的实战例子非常相似，主要 connect 连接部分的代码的不同，以与相应的数据库建立联系。关于 MySQL 与 HBase 之间的数据迁移操作，拓展训练中会给出课题，以便大家练习。

5.1.4　任务回顾

知识点总结

1. Sqoop 功能介绍。

2. Sqoop 参数说明。

3. Sqoop 下载与部署。

4. Sqoop import 和 export 应用。

学习足迹

项目 5 任务一的学习足迹如图 5-10 所示。

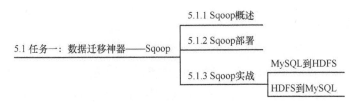

图5-10　项目5任务一学习足迹

思考与练习

1. 请说明最简单的一条 Sqoop import 指令需要包含哪些内容。

2.（判断题）Sqoop export 不可以添加 columns 参数。（　　）

3. 数据迁移时经常会出现中文乱码的问题，请说明你所知道的可能的原因，最少写两个。

5.2　任务二：数据采集神器——Flume

【任务描述】

一个上线的应用系统中会存在日志、事件等数据信息，我们也可以在后台开发的时候定义更多的日志，这样，用户执行某些操作的时候就可以得到更多更丰富的日志数据，这些数据会包含用户的操作行为习惯。例如用户什么登录系统、什么时候登出、搜索关键词等信息，我们可以使用 Hadoop 技术对这些数据进行分析，得出用户在系统中的滞留时间以及搜索习惯等信息。

那么我们如何将这些日志和事件数据采集到 Hadoop 系统中来呢？这就需要用到 Hadoop 家族的另一个成员——Flume，本次任务中我们将讲述 Flume 的架构原理、环境部署以及在生产环境中如何使用 Flume 去采集日志数据。

5.2.1　Flume概述

1. Flume 简介与原理

Flume 最早是一个日志收集系统，由 Cloudera 开发，之后 Cloudera 将其捐献给了 Apache 基金会，如今，Flume 已经是 Apache 下的一个孵化项目，并且发展成为一个分布式、高可靠、高可用的海量日志采集、聚合和传输的系统，不仅在收集数据时支持在日志系统中定制各类数据发送方，也可以对数据进行简单的处理，并具备将数据写到如文本、

HDFS、Hbase 等的各种数据接收方的能力。

现在 Flume 有两个版本：Flume 0.9X 版本的统称为 Flume-og，Flume1.X 版本的统称为 Flume-ng（ng: next generation）。由于 Flume-ng 经过了重大重构，与 Flume-og 有很大不同，使用时请注意区分。Flume-ng 是新版本，此次任务中使用的也是这个版本。

2. Flume-ng 功能和架构

Flume-og 和 Flume-ng 在架构上有比较大的差异，现在大部分使用的都是 Flume-ng，下面将对其架构进行分析和说明。

Flume 采用了分层架构，由 agent、collector 和 storage 三层组成。其中，agent 和 collector 均由数据来源（source）和数据去向（sink）两部分组成，agent 也包含这两部分，但是除了 source 和 sink 之外其还包含 channel，它表示读取数据过程中采用的缓存策略。

图 5-11 为 Flume-ng agent 的架构，由于 agent 和 collector 在架构上是一样的，图中仅以一个 agent 为例进行说明。

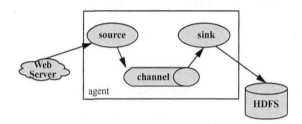

图5-11　Flume-ng agent架构

其中涉及的概念简要说明如下。

① agent：每台机器运行一个 agent，但是每个 agent 中可以包含多个 source 和 sink。

② client：生产数据，运行在一个独立的线程，使用 JVM 运行 Flume。

③ source：从 client 收集数据，传递给 channel。

④ sink：从 channel 收集数据，运行在一个独立线程。

⑤ channel：连接 source 和 sink。

⑥ event：处理消息的基本单元，由零个或者多个 header 和 body 组成。

⑦ Flume 以 agent 为最小的独立运行单位。一个 agent 就是一个 JVM。一个单独的 agent 由 source、sink 和 channel 三大组件构成。

为了更好地使用 Flume，了解一个完整的 agent 的作用非常重要，因为实际在应用 Flume 的时候，我们其实就是在组合一个个 agent，所以更好地认识 souce、channel 和 sink 非常有利于我们根据实际应用制订合适的方案。

（1）Flume source

source 的类型和功能说明见表 5-1。

表5-1　Flume source

source类型	说明
Avro source	支持Avro协议（实际上是Avro RPC），内置支持
Thrift source	支持Thrift协议，内置支持
Exec source	基于Unix的command在标准输出上生产数据
JMS source	从JMS系统（消息、主题）中读取数据，ActiveMQ已经过测试
Spooling Directory source	监控指定目录内的数据变更
Twitter 1% firehose source	通过API持续下载Twitter数据，试验性质
Netcat source	监控某个端口，将流经端口的每一个文本行数据作为event输入
Sequence Generator source	序列生成器数据源，生产序列数据
Syslog source	读取Syslog数据，产生event，支持UDP和TCP两种协议
HTTP source	基于HTTP POST或GET方式的数据源，支持JSON、BLOB表示形式

表 5-1 罗列了 Flume 可实现的 source，比如最常见的采集 Web 服务器的 source 是 HTTP source。

（2）Flume channel

channel 的类型和功能说明见表 5-2。

表5-2　Flume channel

channel类型	说明
Memory channel	event数据存储在内存中
JDBC channel	event数据存储在持久化存储中，当前Flume channel内置支持Derby
File channel	event数据存储在磁盘文件中
Spillable Memory channel	event数据存储在内存中和磁盘上，当内存队列满了，会持久化到磁盘文件
Pseudo Transaction channel	测试用途
Custom channel	自定义channel实现

channel 接收 source 的数据，可以缓存在内存中，也可以缓存在磁盘中，Spillable Memory channel 这种类型使用较为广泛。内存缓存结合磁盘缓存，然后根据内存和磁盘资源自定义缓存时间和缓存文件大小等机制。

（3）Flume sink

sink 的类型和功能说明见表 5-3。

表5-3 Flume sink

sink类型	说明
HDFS sink	数据写入HDFS
Logger sink	数据写入日志文件
Avro sink	数据被转换成Avro event，然后发送到配置的RPC端口上
Thrift sink	数据被转换成Thrift event，然后发送到配置的RPC端口上
IRC sink	数据在IRC上进行回放
File Roll sink	存储数据到本地文件系统
Null sink	丢弃所有数据
HBase sink	数据写入HBase数据库
Morphline Solr sink	数据发送到Solr搜索服务器（集群）
ElasticSearch sink	数据发送到Elastic Search（集群）
Kite Dataset sink	数据写入Kite Dataset，试验性质
Custom sink	自定义sink实现

通过表5-3我们可以看出sink的数据存储方式非常丰富，除了HDFS还有Hbase、MySQL等，还可以自定义其存储方式。

除了这3个核心的组件Flume，还有channel selector、sink processor、event serializer、interceptor等辅助性的组件。

如图5-11所示，我们能很明显地感知数据流向性的问题，Flume提供的这种流动的管道被称作"Flow Pipeline"，具体内容将在下文中介绍。

3. Flow Pipeline

Flow Pipeline非常符合Flume的工作机制，因为Flume中的数据是有流向的，类似于管道中流动的水。事实上，Flume充当了这样一种管道功能，并提供了一些可用于连接的零部件，由用户去组装。基于这样一个原因，很多功能结构的Flow Pipeline可被搭建。

在讲解Flow Pipeline之前，我们先了解一个基本的Flow配置，其格式如下：

【代码5-8】 Flow 基本配置

```
# 罗列该Agent的 sources, sinks and channels
<Agent>.sources = <Source1><Source2>
<Agent>.sinks = <Sink1><Sink2>
<Agent>.channels = <Channel1><Channel2>

# 设置sources
<Agent>.sources.<Source1>.channels = <Channel1><Channel2>
```

```
<Agent>.sources.<Source2>.channels = <Channel1><Channel2>

# 设置 sink
<Agent>.sinks.<Sink1>.channel = <Channel1>
<Agent>.sinks.<Sink2>.channel = <Channel2>
```

在上面的配置中，尖括号里面的内容可以根据实际需求或业务来修改。第一组中配置 source、sink、channel，它们的值可以有 1 个或者多个；第二组中配置 source，表示将把数据存储到哪一个 channel 中，channel 的数量可以为 1 个或多个，同一个 source 将数据存储到多个 channel 中，实际上就是 Replication，存储多份；第三组中配置 sink 从哪一个 channel 中取数据，一般一个 sink 只能从一个 channel 中读取数据。

在实际应用中，多个 agent 往往自由组合，以实现具体的业务场景功能。根据官方文件说明，下面展示几种常见的 Flow Pipeline 结构。

（1）多个 agent 顺序连接

多个 agent 顺序连接示意如图 5-12 所示。

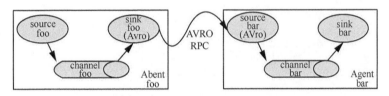

图 5-12　agent 顺序连接示意

最简单的情况就是将多个 agent 顺序连接起来，收集最初的数据源并存储到最终的存储系统中。但是如果 agent 的数量过多，数据流经的路径就会变长，如果不考虑 failover，一旦出现故障就会影响整个 Flow 上的 agent 收集服务，所以一般情况下，我们要控制这种顺序连接的 agent 的数量。

（2）多个 agent 的数据汇聚到同一个 agent

多个 agent 的数据汇聚示意如图 5-13 所示。

图 5-13 所示也是很常见的业务场景，比如要收集 Web 网站的用户行为日志，Web 网站为了可用性使用的负载均衡的集群模式，每个节点都产生用户行为日志，可以为每个节点都配置一个 agent 来单独收集日志数据，然后将多个 agent 将数据最终汇聚到一个 agent 上，整理后一起存储到数据库或 HDFS 上。

（3）多路（Multiplexing）agent

多路 agent 示意如图 5-14 所示。

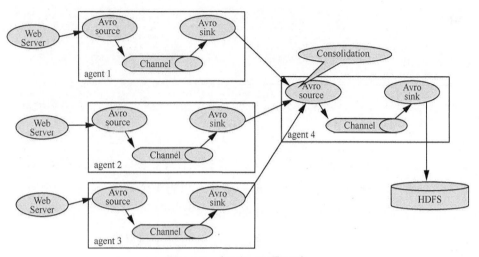

图5-13　多agent汇聚示意

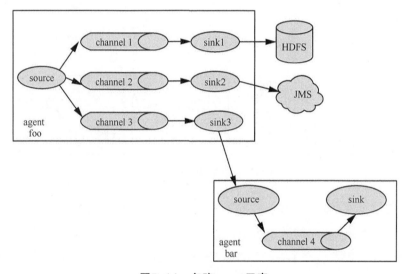

图5-14　多路agent示意

图5-14所示的模式有两种方式，一种用来分流，另一种用来复制。复制方式可以将最前端的source复制多份，分别传递到多个channel中，每个channel接收到的数据都具有相同的配置格式。

5.2.2　Flume部署

安装Flume很容易，解压即可完成安装，难点是如何定义一个配置文件来实现具体的功能。

Flume的安装和节点没有任何关系，可以在任何节点上安装，如果有其他的业务需求，比如想采集 Web 服务器的数据，那么我们就需要在 Web 集群上部署 Flume，而且需要保证 Web 集群和 Hadoop 集群之间可以互相通信。

以 huatec05 为例，我们来介绍 Flume 的安装步骤。

（1）安装

Flume 安装代码如下：

【代码 5-9】 Flume 安装

```
[root@huatec05 conf]# tar -xvf apache-flume-1.7.0-bin.tar -C /huatec/
...
[root@huatec05 huatec]# cd apache-flume-1.7.0-bin/conf/
[root@huatec05 conf]# ls -al
总用量 24
drwxr-xr-x. 2 root root 4096 12月 19 19:32 .
drwxr-xr-x. 7 root root 4096 12月 19 19:32 ..
-rw-r--r--. 1 root root 1661 9月  26 2016 flume-conf.properties.template
-rw-r--r--. 1 root root 1455 9月  26 2016 flume-env.ps1.template
-rw-r--r--. 1 root root 1565 9月  26 2016 flume-env.sh.template
-rw-r--r--. 1 root root 3107 9月  26 2016 log4j.properties
[root@huatec05 conf]#
```

将其安装到 /huatec 目录下，从上面的代码中我们可以发现 Flume 的配置文件中提供的都是一些配置模板文件，包含环境配置模板文件"flume-env.sh.template"和执行配置模板文件"flume-conf.properties.template"等。

（2）修改配置文件

修改配置文件代码如下：

【代码 5-10】 flume-env.sh

```
[root@huatec05 conf]# mv flume-env.sh.template flume-env.sh
[root@huatec05 conf]# vi flume-env.sh
...
export JAVA_HOME=/usr/local/java/jdk1.7.0_80
...
```

在配置文件中，我们只需要修改一下 JAVA_HOME 属性即可。

至此，Flume 的安装就完成了。

5.2.3 Flume实战

经过前面的讲解相信大家已经有了这样一个概念：Flume相关工作的完成，需要提供一个配置文件，组装多个agent，并指定每一个agent的source、channel、sink参数。

在5.1.2小节中，我们介绍过Flume的source type、channel type和sink type是多种多样的，每一种类型都有很多不同的配置属性，其总数是非常多的。

Flume实战部分我们需要完成的任务是将Web服务器上的电商系统日志文件采集到HDFS上，有以下方案：source type选spooldir，也就是"Spooling Directory source"，它收集一个目录的文件；channel type为memory，也就是"Memory channel"，它会把采集的数据缓存到内存中，然后再写出到磁盘；sink type为"HDFS sink"，最终会将数据写入到HDFS。

1. 属性说明

这里我们具体问题具体分析，主要说明这三种类型的属性配置。

（1）Spooling Directory source

Spooling Directory source属性见表5-4。

表5-4 Spooling Directory source属性

Property Name	Default	Description
channels	–	
type	–	读取文件目录需要的组件的类型
spoolDir	–	读取文件的目录
fileSuffix	.COMPLETED	完全摄取文件后为文件追加的后缀
deletePolicy	never	何时删除已经完成的文件（never/immediate）
fileHeader	false	是否为文件添加绝对路径
fileHeaderKey	file	头文件
basenameHeader	false	是否为存储文件添加头文件
basenameHeaderKey	basename	密匙
includePattern	^.*$	指定正确表达式
ignorePattern	^$	指定要跳过的正则表达式
trackerDir	.flumespool	元数据目录
……	……	……

原表的属性配置选项特别多,这里选取了其中靠前的约 1/4 的部分,更多属性配置可以参考相关网站内容,使用示例如下:

【代码 5-11】 source 使用示例

```
a1.channels = ch-1
a1.sources = src-1
a1.sources.src-1.type = spooldir
a1.sources.src-1.channels = ch-1
a1.sources.src-1.spoolDir = /var/log/apache/flumeSpool
a1.sources.src-1.fileHeader = true
```

(2) Memory channel

Memory channel 属性见表 5-5。

表5-5 Memory channel属性

Property Name	Default	Description
type	-	内存需要的组件类型
capacity	100	存储在通道中的最大事件数
transactionCapacity	100	通道获取的每个事务的最大事件数
keep-alive	3	超时时间
byteCapacityBufferPercentage	20	定义字节之间的缓冲区百分比和信道中所有事件的估计总大小
byteCapacity	see description	通道中所有事件总和允许的字节数

channel 使用示例如下:

【代码 5-12】 channel 使用示例

```
a1.channels = c1
a1.channels.c1.type = memory
a1.channels.c1.capacity = 10000
a1.channels.c1.transactionCapacity = 10000
a1.channels.c1.byteCapacityBufferPercentage = 20
a1.channels.c1.byteCapacity = 800000
```

(3) HDFS sink

HDFS sink 属性见表 5-6。

表5-6 HDFS sink属性

Name	Default	Description
channel	-	
type	-	分布式文件系统需要的组件类型
hdfs.path	-	写入分布式文件系统的路径
hdfs.filePrefix	FlumeData	写入分布式文件系统中的文件前缀
hdfs.fileSuffix	-	写入分布式文件系统中的文件后缀
hdfs.inUsePrefix	-	临时文件前缀
hdfs.inUseSuffix	.tmp	临时文件后缀
hdfs.rollInterval	30	hdfs sink间隔多久将临时文件滚动成最终目标文件，单位为秒
hdfs.rollSize	1024	当临时文件达到该大小（单位为Byte）时，滚动成目标文件
……	……	……

sink 使用示例如下：

【代码5-13】 sink 使用示例

```
a1.channels = c1
a1.sinks = k1
a1.sinks.k1.type = hdfs
a1.sinks.k1.channel = c1
a1.sinks.k1.hdfs.path = /flume/events/%y-%m-%d/%H%M/%S
a1.sinks.k1.hdfs.filePrefix = events-
a1.sinks.k1.hdfs.round = true
a1.sinks.k1.hdfs.roundValue = 10
a1.sinks.k1.hdfs.roundUnit = minute
```

2. 配置电商系统日志采集文件

参考上述的示例，我们接下来介绍如何编写电商系统日志采集文件，在 $FLUME_HOME/conf 目录下新建配置文件 a1.conf，文件内容如下：

【代码5-14】 a1.conf

```
# 定义agent名，source、channel、sink 的名称
a1.sources = r1
a1.channels = c1
a1.sinks = k1

# 具体定义 source
a1.sources.r1.type = spooldir
a1.sources.r1.spoolDir = /opt/apache-tomcat-7.0.79/logs/mobileshop
```

```
# 具体定义 channel
a1.channels.c1.type = memory
a1.channels.c1.capacity = 10000
a1.channels.c1.transactionCapacity = 100

# 具体定义 sink
a1.sinks.k1.type = hdfs
#HDFS 目录
a1.sinks.k1.hdfs.path = hdfs://ns1/flume
#filePrefix：文件的前缀
a1.sinks.k1.hdfs.filePrefix = ms-
# 定义文件的类型为：DataStream，也就是纯文本
a1.sinks.k1.hdfs.fileType = DataStream
# 数据暂存在内存中，满足任何一个条件就 flush 成一个小文件。
# 不按照条数生成文件
a1.sinks.k1.hdfs.rollCount = 0
#HDFS 上的文件达到 32M 时生成一个文件
a1.sinks.k1.hdfs.rollSize = 33554432
#HDFS 上的文件达到 60 秒生成一个文件
a1.sinks.k1.hdfs.rollInterval = 60

# 组装 source、channel、sink
a1.sources.r1.channels = c1
a1.sinks.k1.channel = c1
```

上述配置文件采用了总分总的结构进行编写，首先编写总的 agent 名称、source 名称、channel 名称和 sink 名称；然后分别配置 source、channel、sink；最后将它们组装到一起。上述配置中只用到了一个 agent 来采集电商系统的日志文件。

接下来，执行该配置文件去采集日志文件，Flume 指定了运行配置文件的格式，如图 5-15 所示。

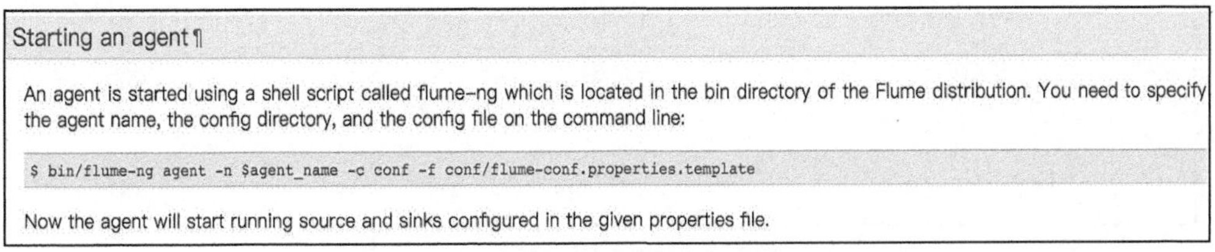

Starting an agent

An agent is started using a shell script called flume-ng which is located in the bin directory of the Flume distribution. You need to specify the agent name, the config directory, and the config file on the command line:

```
$ bin/flume-ng agent -n $agent_name -c conf -f conf/flume-conf.properties.template
```

Now the agent will start running source and sinks configured in the given properties file.

图 5-15　Flume 采集指令执行格式

参考图 5-15 编写执行语句，如下所示：

```
bin/flume-ng agent -n a1 -c conf -f conf/a1.conf -Dflume.root.logger=INFO,console
```

执行效果如图 5-16 所示，最后成功执行，没有出现错误。

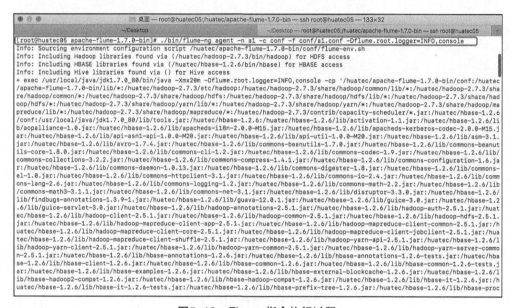

图5-16　Flume 指令执行过程

采集完成后，该采集任务会一直在前台运行，当采集路径数据有变化时，Flume 会自动进行采集。

图 5-17 展示了我们如何通过 HDFS 查看收集的结果。

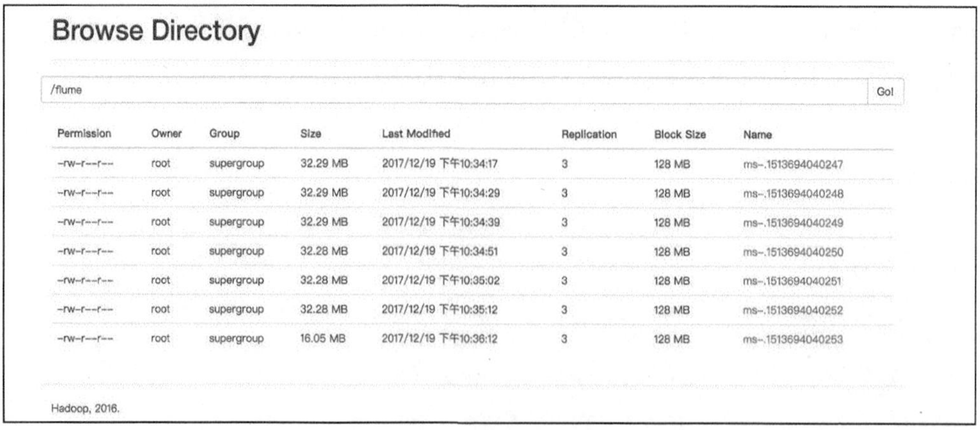

图5-17　查看数据采集结果

从图 5-17 中我们可以看出结果被成功采集到日志数据中，文件前缀为配置文件中定义的格式，文件前缀后面的一串数字为开始采集数据的时间戳。

当日志新增了文件，我们可以通过查看控制台发现新增的内容。我们可尝试一直调出 SSH 连接控制台的界面，当日志新增时，我们会发现控制台的日志发生滚动，如图 5-18 所示，控制台会提示“File has changed size since being read: /opt/apache-tomcat-7.0.79/logs/mobile shop/ms_2017_07_07.log”，它告诉用户采集路径中增加了日志文件“ms_2017_07 _07.log”，Flume 在采集数据的过程中，会将数据写到“hdfs://ns1/flume/ms-.1513694633399.tmp”。采集完成后，Flume 会给出一个回调结果提示信息“Writer callback called”，这是一次数据采集完成的最直接的标志。

```
n SpoolDirectorySource thread. Restart or reconfigure Flume to continue processing.
java.lang.IllegalStateException: File has changed size since being read: /opt/apache-tomcat-7.0.79/logs/mobileshop/ms_2017_07_07.log
        at org.apache.flume.client.avro.ReliableSpoolingFileEventReader.retireCurrentFile(ReliableSpoolingFileEventReader.java:410)
        at org.apache.flume.client.avro.ReliableSpoolingFileEventReader.readEvents(ReliableSpoolingFileEventReader.java:326)
        at org.apache.flume.source.SpoolDirectorySource$SpoolDirectoryRunnable.run(SpoolDirectorySource.java:250)
        at java.util.concurrent.Executors$RunnableAdapter.call(Executors.java:471)
        at java.util.concurrent.FutureTask.runAndReset(FutureTask.java:304)
        at java.util.concurrent.ScheduledThreadPoolExecutor$ScheduledFutureTask.access$301(ScheduledThreadPoolExecutor.java:178)
        at java.util.concurrent.ScheduledThreadPoolExecutor$ScheduledFutureTask.run(ScheduledThreadPoolExecutor.java:293)
        at java.util.concurrent.ThreadPoolExecutor.runWorker(ThreadPoolExecutor.java:1145)
        at java.util.concurrent.ThreadPoolExecutor$Worker.run(ThreadPoolExecutor.java:615)
        at java.lang.Thread.run(Thread.java:745)
2017-12-19 22:44:53,678 (hdfs-k1-roll-timer-0) [INFO - org.apache.flume.sink.hdfs.BucketWriter.close(BucketWriter.java:357)] Closing
hdfs://ns1/flume/ms-.1513694633399.tmp
2017-12-19 22:44:53,711 (hdfs-k1-call-runner-4) [INFO - org.apache.flume.sink.hdfs.BucketWriter$8.call(BucketWriter.java:618)] Renami
ng hdfs://ns1/flume/ms-.1513694633399.tmp to hdfs://ns1/flume/ms-.1513694633399
2017-12-19 22:44:53,720 (hdfs-k1-roll-timer-0) [INFO - org.apache.flume.sink.hdfs.HDFSEventSink$1.run(HDFSEventSink.java:382)] Writer
 callback called.
```

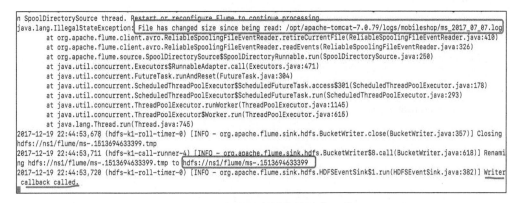

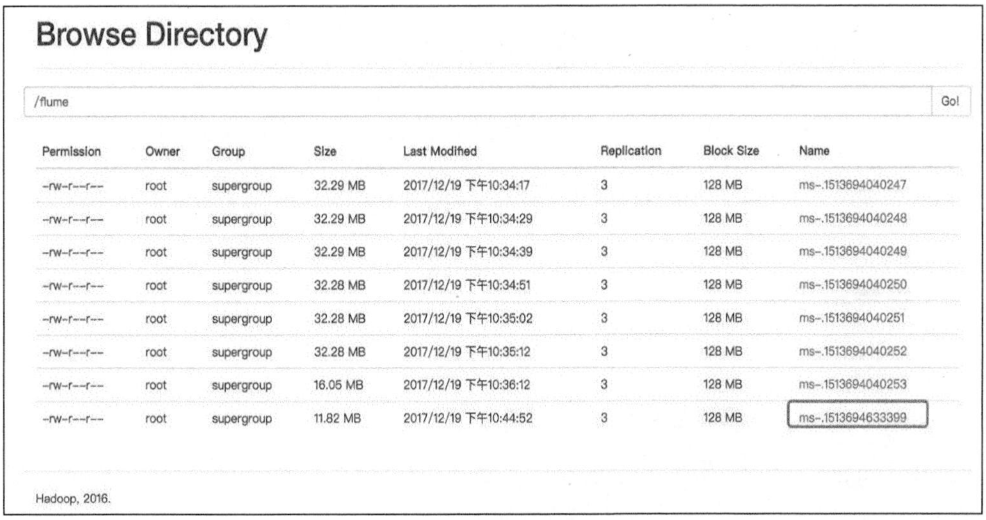

图5-18 自动采集时的控制台示意

我们可以去 HDFS 管理页面查看是否增加了新的文件 ms-.1513694633399。

Browse Directory

/flume Go!

Permission	Owner	Group	Size	Last Modified	Replication	Block Size	Name
-rw-r--r--	root	supergroup	32.29 MB	2017/12/19 下午10:34:17	3	128 MB	ms-.1513694040247
-rw-r--r--	root	supergroup	32.29 MB	2017/12/19 下午10:34:29	3	128 MB	ms-.1513694040248
-rw-r--r--	root	supergroup	32.29 MB	2017/12/19 下午10:34:39	3	128 MB	ms-.1513694040249
-rw-r--r--	root	supergroup	32.28 MB	2017/12/19 下午10:34:51	3	128 MB	ms-.1513694040250
-rw-r--r--	root	supergroup	32.28 MB	2017/12/19 下午10:35:02	3	128 MB	ms-.1513694040251
-rw-r--r--	root	supergroup	32.28 MB	2017/12/19 下午10:35:12	3	128 MB	ms-.1513694040252
-rw-r--r--	root	supergroup	16.05 MB	2017/12/19 下午10:36:12	3	128 MB	ms-.1513694040253
-rw-r--r--	root	supergroup	11.82 MB	2017/12/19 下午10:44:52	3	128 MB	ms-.1513694633399

Hadoop, 2016.

图5-19 新增文件采集结果

从图 5-19 可以看出，HDFS 系统增加了新的文件。后续每天如果有新的日志文件产生时，Flume 将重复上述过程采集这些文件。

日志文件都遵循一定的格式，用户也可以在电商系统中自定义日志文件输出格式。如果想要获取用户操作的一些数据，用户可以在进行某项操作的时候手动打印一条日志信息到指定的日志文件中，然后定义相应的 agent 去采集该日志文件，然后基于 MapReduce 或 Hive 去进行数据分析。

5.2.4 任务回顾

知识点总结

1. Flume 原理。
2. Flume-ng 架构说明。
3. Flume 的 source、channel、sink 类型。
4. Flume Pipeline 及常见的结构分析。
5. Flume 部署与实战。

学习足迹

项目 5 任务二的学习足迹如图 5-20 所示。

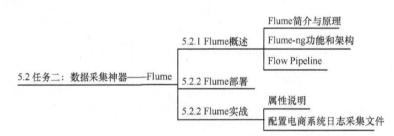

图5-20　项目5任务二学习足迹

思考与练习

1. Flume 采用了分层的架构设计，请简要说明。
2. 每个 agent 都由哪几个部分组成，请尝试绘制一个多 agent 结构图，并说明其工作原理。

5.3 项目总结

通过项目 5 的学习，我们可以掌握数据迁移工具 Sqoop 和数据采集工具 Flume。Sqoop 的搭建沟通传统关系型数据库和 Hadoop 之间的桥梁，让使用大数据技术对传统数据库中的数据进行分析和计算成为可能。Web 服务器的日志信息被 Flume 采集，并上传到 Hadoop 上，供分析用户的操作行为。这些是接下来进行数据清洗和数据分析的前提。希望大家能熟练掌握和运用。

通过项目 5 的学习，Linux 系统能力被提高，大家还提高了逻辑思维能力及探索新知的能力。

项目 5 的项目总结如图 5-21 所示。

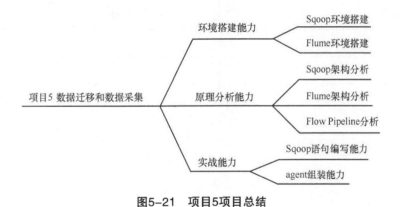

图5-21　项目5项目总结

5.4 拓展训练

自主分析：使用 Sqoop 在 MySQL 与 HBase 之间进行数据迁移。

◆ 调研要求：

在 5.1.3 小节中，我们使用 Sqoop 将 MySQL 数据库中的商品品牌数据导入到 HDFS 上，并使用 Sqoop 尝试将其导出。但是 Sqoop 的用法不仅于这些，Sqoop 还可以将关系型数据库中的数据导入到 HBase 和 Hive 中。请参考 5.1.3 小节的实战示例，尝试将 MySQL 数据库中的商品品牌数据导入到 HBase 中，然后导出到 MySQL。

① 成功将 MySQL 数据库中的品牌表数据导入到 HBase 中。

② 成功将 HBase 中的数据导出到 MySQL 中。

◆ **格式要求**：无要求。

◆ **考核方式**：无。

◆ **评估标准**：见表 5-7。

表5-7 拓展训练评估表

项目名称： 使用Sqoop完成MySQL和HBase之间的数据迁移		项目承接人： 姓名：	日期：
项目要求		评价标准	得分情况
总体要求： ① 成功将MySQL数据导入到HBase。 ② 成功将HBase数据导出到MySQL		① 成功将MySQL数据导入到HBase。（50分）。 ② 成功将HBase数据导出到MySQL（50分）	
评价人	评价说明		备注
个人			
老师			

项目 6 数 据 分 析

 项目引入

目前 HBase 是一个 NoSQL 数据库，它可以进行海量数据存储，适用于大数据实时查询，它的查询效率非常高，我们部署的大数据集群已经可以实现近实时的大数据处理，直到我下班路上碰到了运营部的同事 lily。

> lily：Hi，Snkey，你怎么也这么早下班呀？
> 我：Hi，我们的大数据集群感觉已经差不多了，现在比较轻松。
> lily：这样呀，对了，我们运营部想运用你们的大数据集群对电商系统中消费者的购买趋势以及收集的日志做一些分析来得到消费者偏好和消费水平以及预测一下发展趋势，能做到吗？
> 我：当然没问题了。

当 lily 说要一段时间内的购买趋势和日志的数据进行分析时，我突然想到 HBase 并不擅长这个，还好，Hadoop 生态圈中的 Hive 可以很好地做好这个工作。

 知识图谱

项目 6 知识图谱如图 6-1 所示。

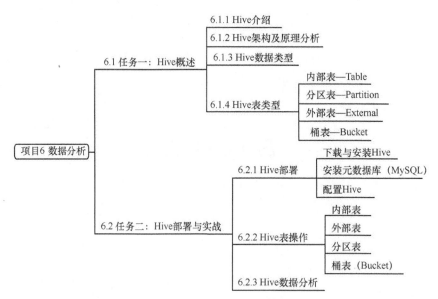

图6-1 项目6知识图谱

6.1 任务一：Hive 概述

【任务描述】

对于大数据我们该如何进行数据分析呢？这就要用到 Hadoop 家族的另外一个成员——Hive。Hive 是一个大数据仓库，它也是一个数据库，但这并不是它的主要功能，它被设计用于将结构化的数据映射成一张数据库表，并提供 QL 语法进行数据查询、数据分析等功能，QL 语句会自动转化为对应的 MapReduce 任务去执行。我们将在任务一中学习 Hive 架构原理、数据表类型等基础知识，为任务二的实战奠定基础。

6.1.1 Hive介绍

Facebook 开发的 Apache Hive 可以将结构化的数据文件映射为一张数据库表或提供简单的 SQL 查询，也可以将 SQL 语句转换为 MapReduce 任务进行运行。但是 Hive 并不是数据库，而是构建于 Hadoop 顶层的数据仓库。

Hive 依赖于 HDFS 和 MapReduce，其对 HDFS 的操作类似于 SQL（称为HQL），HQL 丰富的 SQL 查询方式被来分析存储在 HDFS 中的数据。HQL 可以编译转为 MapReduce 作业，完成查询、汇总、分析数据等工作。这样一来，即使不熟悉 MapReduce 的用户也可以很方便地利用 SQL 语言查询、汇总、分析数据。MapReduce 开发人员可以把自己写的 mapper 和 reducer 作为插件来支持 Hive 做更复杂的数据分析。

那么，Hive 和 HBase 之间有什么关系呢？我们在不熟悉它们的作用之前，有这样的疑问是很正常的。HBase 是一个 NoSQL 数据库，它可以进行海量的数据存储，也可以将一些数据查询工作转换为 MapReduce 任务进行运作，HBase 适用于大数据实时查询，其查询效率非常高。Hive 用于对一段时间内的数据进行分析查询，例如：趋势分析、日志分析等，虽然 Hive 也能够进行数据实时查询，但是它需要很长时间才可以返回查询结果。Hive 分析的数据可以来自于 HDFS，也可以来自于 HBase，你可以认为 HBase 是一个 DB，而 Hive 是一个 Tool。它们经常是在一起互相协作来完成一项工作的。

Hive 主要特点如下：

① 通过 HQL 语言非常容易地完成数据提取、转换和加载（ETL）；

② 通过 HQL 完成海量结构化数据分析；

③ Hive 支持 JSON、CSV、TEXTFILE、RCFILE、ORCFILE、SEQUENCEFILE 等存储格式，并支持自定义扩展；

④ 多种客户端连接方式，支持 JDBC、Thrift 等接口。

6.1.2　Hive架构及原理分析

Hive 可以理解为一款 SQL 解析引擎，它可以将 SQL 语句转换为相应的 MapReduce 程序，关于 Hive 的体系架构如图 6-2 所示。

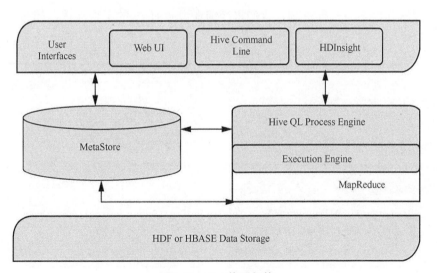

图6-2　Hive体系架构

我们通过图 6-2 可以看到，最顶层的是 "User Lnterfaces" 层，也就是用户接口层，它包括 Web UI、Hive Command Line 和 HD Insight 三种方式。其中，Web UI 让用户可以通过浏览器界面进行 Hive 操作。Hive Command Line 也就是 Hive Command Line Interface，其称之为 CLI(Command Line Interface)，也就是 Shell 操作，因为编写 Shell 脚本来进行运行 HDInsight 是一种云技术驱动的 Hadoop 发行版。使用 HDInsight，则可以在 HDInsight 上预加载 Hive 库。基于 Linux 的 HDInsight 可以使用 Hive 客户端、WebHCat 和 HiveServer2。基于 Windows 的 HDInsight 的则可以使用 Hive 客户端和 WebHCat。

　　MetaStore（元数据），Hive 的元数据可以存储在自带的元数据库 derby 中，也可以存储在别的数据库中，如 MySQL。

　　Hive QL Process Engine，HiveQL 是一种类似于 SQL 的传统 MapReduce 程序的替代品，它代替了在 Java 中对 MapReduce 程序的编写，可以为 MapReduce 作业编写一个查询。HiveQL 还可用于查询元数据上的模式信息。

　　Excution Engine，Hive 执行引擎集合，Hive QL Process Engine 和 MapReduce 的连接部分是 Hive Excution Engine，执行引擎处理查询并返回生成与 MapReduce 相同的结果。

　　HDFS or HBase Data Storage，这是因为 Hive 主要进行数据分析，分析的数据来源于 HDFS 或 HBase。

　　从前文的体系结构中可以看出，Hive 是利用 Hive QL Process Engine 和 Excution Engine 将用户的 SQL 语句解析成对应的 MapReduce 程序。

　　经过前文的说明，我们可以知道 Hive 的工作是和 Hadoop 密不可分的，它的工作执行要素之一是需要依赖 HDFS 或 HBase，执行要素之二是需要依赖 MapReduce。为了更加深入的理解其内部的执行机制，我们将详细地说明 Hive 的工作流程，如图 6-3 所示。

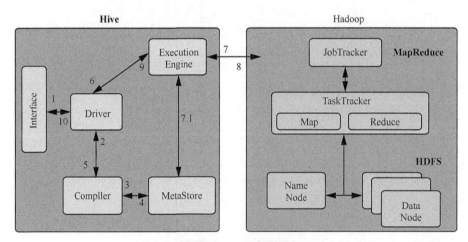

图6-3　Hive工作流程

　　图 6-3 展示了 Hive 工作时的内部流程，主要分为以下 10 个步骤。

　　① 执行查询：Hive 接口，如命令行首先会将用户输入的查询操作发送给数据库驱动

（如 JDBC、ODBC）。

② 驱动在查询编译器的帮助下解析查询，并检查语法，生成一个查询计划。

③④ 编译器向元数据库发送数据请求，然后元数据库返回数据给编译器。

⑤ 编译器检查查询计划的各个条件和要素是否满足，然后将查询计划重新发送给数据库驱动，截止到这里，解析和编译一个查询 QL 的工作已经完成。

⑥ 接下来，驱动就可以将查询计划发送给执行引擎了，其中包含对应的数据信息。

⑦ 执行引擎处理查询计划，会从元数据库中获取数据信息，然后将其转换为一个 MapReduce Job，最后就涉及了 MapReduce 的工作机制。这个查询计划会先发送到 JobTracker，然后分配给具体的 TaskTracker 去完成。MapReduce 执行过程中会从 HDFS 读取数据。

⑧ 执行引擎执行完查询计划后，会将结果返回到执行处，这样执行引擎就能知道 MapReduce 执行结果的数据具体保存在 HDFS 什么位置上。

⑨ 执行引擎执行完查询计划后，会将收到的结果返回给驱动。

⑩ 驱动将收到的结果返回给 Hive 接口，这样执行者就可以看到查询计划的执行结果。

到这里，你对 Hive 的工作流程应该有了一个清晰的认识。

6.1.3 Hive数据类型

Hive 支持原子数据类型和复杂数据类型。原子数据类型包括数值型、字符型、布尔型、时间日期型。复杂数据类型包括数组、key-value 和结构体等，具体见表 6-1、表 6-2、表 6-3、表 6-4、表 6-5。需要注意的是，表中显示的是它们在 HiveQL 中使用的形式，而不是它们在表中序列化存储的格式。

表6-1 数值型

类型	描述
TINYINT	1个字节的int类型，存储数据范围是：−128～127，后缀为Y，例如：100Y
SMALLINT	2个字节的int类型，存储数据范围是：−32768～32767，后缀为S，例如：100S
INT/INTEGER	4个字节的int类型，存储数据范围是：−2147483648 ~2147483647，后缀为L，例如：100L
BIGINT	8个字节的int类型，存储数据范围是：−9223372036854775808～9223372036854775807
FLOAT	单精度浮点类型
DOUBLE	双精度浮点类型
DECIMAL	一个decimal类型的数据占用了2~17个字节。存储数据范围是：−10^38~10^38−1 的固定精度和小数位的数字

表6-2 日期型

类型	描述
TIMESTAMP	Hive 0.8.0后支持，具体的时间戳，我们可以指定格式："YYYY-MM-DD HH：MM：SS.fffffffff"（9位小数位精度）
DATE	Hive 0.12.0后支持，DATE值描述特定的年/月/日，格式为YYYY-MM-DD。例如：DATE'2013-01-01'
INTERVAL	Hive 1.2.0后支持，时间间隔类型

表6-3 字符型

类型	描述
String	字符串类型，字符串文字可以用单引号（'）或双引号（""）表示。Hive在字符串中使用C风格的转义
Varchar	Varchar类型使用长度说明符（介于1~65355）创建，它定义字符串中允许的最大字符数
Char	字符类型与Varchar类似，但它们是固定长度的，意味着比指定长度值短的值用空格填充，但尾随空格在比较期间不重要。最大长度固定为255

表6-4 其他类型

类型	描述
BOOLEAN	布尔类型
BINARY	二进制类型，它可以将输入的结果转换为二进制，也可以将结果以二进制的格式返回

表6-5 复杂类型

类型	描述
arrays	数组类型，从Hive 0.14开始允许使用负值和非常数表达式
maps	key-value类型，从Hive 0.14开始允许使用负值和非常数表达式
structs	结构体类型
union	Hive 0.7.0后支持，操作符。在有限取值范围内的一个值

可以看出Hive的原子数据类型和MySQL非常类似，这是因为Hive的原子数据类型在设计时受到MySQL的数据类型名称的影响，其中有些和SQL-92的命名完全相同，这些数据类型基本都对应Java中的类型。有4种整数类型TINYINT、SMALLYINT、INT、BIGINT分别等价于Java中的Byte、short、int和long，它们分别为1 Byte、2 Byte、4 Byte和8 Byte有符号整数。

同理，Hive的浮点类型FLOAT和DOUBLE也对应Java中的float和double类型，分别为 32 位和 64 位浮点数。

Hive 同样支持布尔类型的存储，用于存储 true 和 false。

在存储文本数据类型时，Hive 提供了 3 种类型的文本数据类型，它们分别是 STRING、VARCHAR 和 CHAR。STRING 存储变长的文本，对长度没有限制。理论上 STRING 可以存储的大小为 2GB，但是存储特别大的对象时效率可能受到影响，可以考虑使用 Sqoop 提供的大对象支持。VARCHAR 与 STRING 类似，但是长度上只允许在 1~65535。例如：VARCHAR(100)，CHAR 则用固定长度来存储数据。

Hive 有 4 种复杂类型的数据结构：ARRAY、MAP、STRUCT 和 UNION。

ARRAY 和 MAP 类型与 Java 中的数据和映射表。数组的类型声明格式为 ARRAY<data_type>，元素访问通过 0 开始的下标，例如：arrays[1] 访问第二个元素。

MAP 通过 MAP<primitive_type,data_type> 来声明，key 只能是基本类型，值可以是任意类型。MAP 的元素访问则使用 []，例如：MAP['key1']。

STRUCT 则封装一组有名字的字段（named filed），其类型可以是任意的基本类型，元素的访问使用点号。

UNION 则类似于 C 语言中的 UNION 结构，在给定的任何一个时间点，UNION 类型可以保存指定数据类型中的任意一种。类型声明语法为 UNIONTYPE<data_type,data_type,...>。每个 UNION 类型的值都通过一个整数来表示其类型，这个整数位声明时的索引从 0 开始。例如：UNION 使用示例，具体代码如下：

【代码 6-1】 UNION 使用示例

```
CREATE TABLE union_test
(foo UNIONTYPE<int,double,array<string>,strucy<a:int,b:string>>);
```

6.1.4 Hive 表类型

Hive 的表在逻辑上由存储的数据和描述表中的数据形式的元数据组成，其数据存储在 HDFS 上，元数据则存储在关系型数据库中。

Hive 元数据的存储默认情况下保存在内嵌的 Derby 数据库中，由于只能允许一个会话连接，因此只适合简单的测试。想要实现多用户的会话，则需要一个独立的元数据库，任务中使用 MySQL 作为元数据库，Hive 内部对 MySQL 提供了很好的支持，在部署 Hive 时将会讲解配置如何使用 MySQL 作为元数据库。

Hive 的数据存储在 HDFS 上，它们以表的形式存在，Hive 的表类型总共有 4 种，它们分别是内部表、分区表、外部表和桶表。

1. 内部表——Table

内部表在概念上类似于数据库中的 Table，每一个内部表在 Hive 中都有一个相应的目录存储数据。

例如：一个表 user，它在 HDFS 中的路径为：/hive/warehouse/user。其中 warehouse 是在 hive-site.xml 中由 ${hive.metastore.warehouse.dir} 指定的数据仓库的目录，我们可以在部署 Hive 时进行设置。所有的 Table 数据（不包括 External Table）都保存在这个目录中。

创建内部表的语法格式如下：

【代码 6-2】 创建内部表

```
create table inner_table (key type);
```

其中 key 为表的字段名称，type 为字段类型，在实际应用时，开发者根据实际情况指定全部的字段信息。

2. 分区表——Partition

之所以会有分区表这个类型，是因为当文件非常大时，开发者采用分区表就不必像 SELECT 查询那样全表扫描，而可以利用分区剪枝（input pruning）的特性，类似"分区索引"，只扫描一个表中它关心的那一部分，从而快速过滤出按分区字段划分的数据。Hive 当前的实现是，只有分区断言（Partitioned by）出现在离 FROM 子句最近的那个 WHERE 子句中，才会启用分区剪枝。

分区表——Partition 对应于数据库的 Partition 列的密集索引，Hive 表中的一个 Partition 对应于表下的一个目录，所有的 Partition 的数据都存储在对应的目录中。

例如：user 表中包含 date 和 city 两个 Partition，则对应于 date=20171011, city = shenzhen 的 HDFS 子目录为：/warehouse/test/date=20171011/city= shenzhen。

创建分区表的格式如下：

【代码 6-3】 创建分区表

```
create table partition_table(key type) partitioned by(partition type) row format delimited fields terminated by '\t';
```

上述代码中，指定了表的字段信息，分区字段的信息，以及数据间隔方式。我们可以同时指定多个分区字段。需要注意的是分区字段也属于表字段，因此如果需要将某个字段指定为分区字段的话，那么在表字段部分则不能重复指定该字段信息。

3. 外部表——External

之所以需要外部表，是因为有时会存在这样的需求，假设有一些数据已经存储在了

HDFS 上，而需要使用 Hive 进行管理和分析，就需要用到外部表。

特别需要注意区分外部表和内部表，外部表和内部表在元数据的组织上是相同的，但是实际数据的存储则有较大的差异。内部表创建过程和数据加载过程可以在同一条语句中完成，在加载数据的过程中，实际数据会被移动到数据仓库目录中；我们之后对数据对访问将会直接在数据仓库目录中完成。删除表时，表中的数据和元数据将会被同时删除。而外部表只有一个过程，加载数据和创建表同时完成，并不会移动到数据仓库目录中，只是与外部数据建立一个链接。当删除一个外部表时，仅删除该链接。

创建外部表的格式如下：

【代码 6-4】 创建外部表

```
create external table external_table (key type) ROW FORMAT DELIMITED FIELDS TERMINATED BY '\t' location '<hdfs url>';
```

在创建外部表时，需要保证已经存储在 HDFS 上的数据格式是标准的，创建表时指定表的字段信息需要和实际的数据类型一一对应，字段名称根据情况自定义。在创建表的过程中，Hive 会读取存储在 HDFS 上的数据来创建表结构，因此这里还需要指定数据存储位置和存储间隔方式。

外部表还可以和分区表结合使用，也就是外部分区表。比如存储在 HDFS 上的用户数据是按照省份进行区分的，一个省份对应一个目录，我们便可以使用省份作为分区字段来创建一个外部分区表。

4. 桶表——Bucket

桶表是对数据进行哈希取值，然后放到不同文件中存储。数据加载到桶表时，会对字段取 hash 值，然后与桶的数量取模。Hive 把数据放到对应的文件中。物理上，每个桶就是表、(或分区）目录里的一个文件，一个作业产生的桶 (输出文件) 和 reduce 任务个数相同。

桶表专门用于抽样查询，很专业，不是日常用来存储数据的表，需要抽样查询时，才创建和使用桶表。

桶表的创建格式如下：

【代码 6-5】 创建桶表

```
create table bucket_table(key type) clustered by(id) into 4 buckets;
```

关于每个类型的表的具体运用，我会在实战部分进行详细的讲解。

6.1.5 任务回顾

知识点总结

1. Hive 架构及原理分析。
2. Hive 数据类型和表类型。

学习足迹

项目 6 任务一学习足迹如图 6-4 所示。

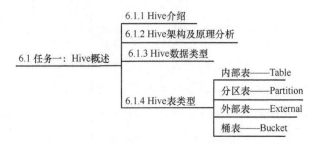

图6-4 项目6任务一学习足迹

思考与练习

1. Hive 常见数据类型有哪些，请简要说明。
2. Hive 表类型有哪些？
3. 内部表和外部表有什么区别，分别用在什么场合。

6.2 任务二：Hive 部署与实战

【任务描述】

本次任务我们将搭建 Hive 测试环境，并向大家展示 Hive 是如何进行数据分析的。我们知道 Hive QL 是会转换为对应的 MapReduce 任务去执行的，而 MapReduce 的经典示例莫过于 WordCount 了，我们接下来将通过 Hive 的方式去实现 WordCount 功能。

6.2.1 Hive部署

1. 下载与安装 Hive

下载 Hive 安装包，这里下载的 Hive 版本为 apache-hive-2.1.1-bin.tar。

前面已经部署好的 Zookeeper+Hadoop+HBase 集群上安装 Hive。Hive 不需要以集群的方式提供服务，但是 Hive 的工作需要依赖 HDFS，为了提高 Hive 的执行效率，我们决定将 Hive 安装到 HDFS 主节点上，HDFS 主节点有两个：huatec01 和 huatec02，它们彼此组成 NameNode 高可用。将 Hive 安装到其中一个节点即可，这里选择 huatec01。

Hive 的安装十分简单，解压即可。具体格式如下：

【代码 6-6】 安装 Hive

```
[root@huatec01 ~]# tar -xvf apache-hive-2.1.1-bin.tar -C /huatec/
```

将其安装到统一安装路径"/huatec"下。

Hive 的数据分为数据本身和元数据信息，其中数据本身保存在 HDFS 上，但是元数据信息需要保存到关系型数据库中。这里选用 MySQL 数据库作为元数据库，因此还需要安装 MySQL。

2. 安装元数据库（MySQL）

我们选用安装包的方式安装 MySQL Server，因为 Hive 工作时需要依赖 MySQL 元数据库，因此在 huatec01 节点上安装 MySQL。我们采用 yum 仓库的方式进行安装，安装步骤如下所示：

（1）添加 MySQL yum 仓库

下载 MySQL yum 仓库，如图 6-5 所示。

目标安装系统为 CentOS 7，选择第一个进行下载，下载后获得一个 rpm 安装包，执行如下指令进行安装：

【代码 6-7】 安装 MySQL yum rpm 包

```
[root@huatec01 huatec]# yum localinstall mysql57-community-release-el7-11.noarch.rpm
```

执行效果图如图 6-6 所示。

上述指令会将 MySQL yum repository 添加到系统的 yum repository 列表中，并下载 GnuPG key 检查软件安装包的完整性。

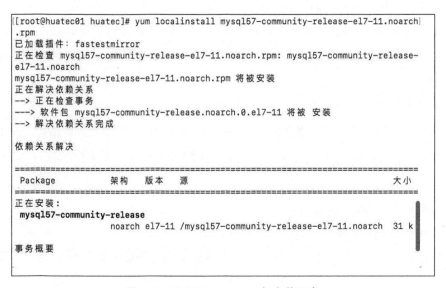

图6-5　MySQL yum仓库下载示意

```
[[root@huatec01 huatec]# yum localinstall mysql57-community-release-el7-11.noarch
].rpm
已加载插件: fastestmirror
正在检查 mysql57-community-release-el7-11.noarch.rpm: mysql57-community-release-el7-11.noarch
mysql57-community-release-el7-11.noarch.rpm 将被安装
正在解决依赖关系
--> 正在检查事务
---> 软件包 mysql57-community-release.noarch.0.el7-11 将被 安装
--> 解决依赖关系完成

依赖关系解决

================================================================================
 Package              架构       版本       源                                大小
================================================================================
正在安装:
 mysql57-community-release
                      noarch   el7-11   /mysql57-community-release-el7-11.noarch   31 k

事务概要
```

图6-6　MySQL yum rpm包安装示意

（2）让安装包可用

在上述操作中，我们向 yum 仓库添加了与 MySQL 有关的仓库，执行如下指令让 MySQL 有关的仓库可用，这样就可以使用 yum 方式来安装 MySQL 了，代码如下：

【代码6-8】　让 yum 仓库可用

```
[root@huatec01 yum]# yum repolist enabled | grep "mysql.*-community.*"
```

在上述指令中，使用管道指令 grep 查看与 MySQL 社区版本相关的安装包。执行上述指令，效果如图 6-7 所示。

```
[root@huatec01 yum]# yum repolist enabled | grep "mysql.*-community.*"
mysql-connectors-community/x86_64         MySQL Connectors Community              4
mysql-tools-community/x86_64              MySQL Tools Community                   5
mysql57-community/x86_64                  MySQL 5.7 Community Server             22
[root@huatec01 yum]#
```

图 6-7　yum 仓库可用

（3）安装 MySQL

下载的 MySQL rpm 包含了 MySQL 5.5、5.6、5.7、7.5、7.6、8.0 等诸多版本系列，系统默认安装的版本为 5.7 系列，使用 yum 指令进行查看，如图 6-8 所示。

```
[root@huatec01 yum]# yum repolist all |grep mysql
mysql-cluster-7.5-community/x86_64        MySQL Cluster 7.5 Community         禁用
mysql-cluster-7.5-community-source        MySQL Cluster 7.5 Community - Sou   禁用
mysql-cluster-7.6-community/x86_64        MySQL Cluster 7.6 Community         禁用
mysql-cluster-7.6-community-source        MySQL Cluster 7.6 Community - Sou   禁用
mysql-connectors-community/x86_64         MySQL Connectors Community          启用:
mysql-connectors-community-source         MySQL Connectors Community - Sour   禁用
mysql-tools-community/x86_64              MySQL Tools Community               启用:
mysql-tools-community-source              MySQL Tools Community - Source      禁用
mysql-tools-preview/x86_64                MySQL Tools Preview                 禁用
mysql-tools-preview-source                MySQL Tools Preview - Source        禁用
mysql55-community/x86_64                  MySQL 5.5 Community Server          禁用
mysql55-community-source                  MySQL 5.5 Community Server - Sour   禁用
mysql56-community/x86_64                  MySQL 5.6 Community Server          禁用
mysql56-community-source                  MySQL 5.6 Community Server - Sour   禁用
mysql57-community/x86_64                  MySQL 5.7 Community Server          启用:
mysql57-community-source                  MySQL 5.7 Community Server - Sour   禁用
mysql80-community/x86_64                  MySQL 8.0 Community Server          禁用
mysql80-community-source                  MySQL 8.0 Community Server - Sour   禁用
[root@huatec01 yum]#
```

图 6-8　MySQL 仓库版本系列

如果需要修改默认的安装版本系列，可以使用 yum-config-manager 指令进行修改。这里选择默认的版本安装即可，安装指令如下：

【代码 6-9】　安装 MySQL

```
[root@huatec01 yum]# yum install mysql-community-server
```

执行效果如图 6-9 所示。

该指令会下载并安装 mysql-community-server、mysql-community-client、mysql-community-common、mysql-community-libs 等安装包。

下载并安装完成后启动 MySQL 并查看 MySQL 服务状态，启动过程如下：

【代码 6-10】　启动 MySQL

```
[root@huatec01 yum]# service mysqld start
[root@huatec01 yum]# service mysqld status
```

```
zhusheng — root@huatec01:/etc/yum — ssh root@huatec01 — 80×22
...root@huatec01:/etc/yum — ssh root@huatec01
[root@huatec01 yum]# yum install mysql-community-server
已加载插件：fastestmirror
Loading mirror speeds from cached hostfile
 * base: centos.ustc.edu.cn
 * extras: centos.ustc.edu.cn
 * updates: centos.ustc.edu.cn
正在解决依赖关系
--> 正在检查事务
---> 软件包 mysql-community-server.x86_64.0.5.7.20-1.el7 将被 安装
--> 正在处理依赖关系 mysql-community-common(x86-64) = 5.7.20-1.el7，它被软件包 m
ysql-community-server-5.7.20-1.el7.x86_64 需要
--> 正在处理依赖关系 mysql-community-client(x86-64) >= 5.7.9，它被软件包 mysql-c
ommunity-server-5.7.20-1.el7.x86_64 需要
--> 正在检查事务
---> 软件包 mysql-community-client.x86_64.0.5.7.20-1.el7 将被 安装
--> 正在处理依赖关系 mysql-community-libs(x86-64) >= 5.7.9，它被软件包 mysql-com
munity-client-5.7.20-1.el7.x86_64 需要
---> 软件包 mysql-community-common.x86_64.0.5.7.20-1.el7 将被 安装
--> 正在检查事务
---> 软件包 mariadb-libs.x86_64.1.5.5.35-3.el7 将被 取代
--> 正在处理依赖关系 libmysqlclient.so.18()(64bit)，它被软件包 2:postfix-2.10.1-
6.el7.x86_64 需要
```

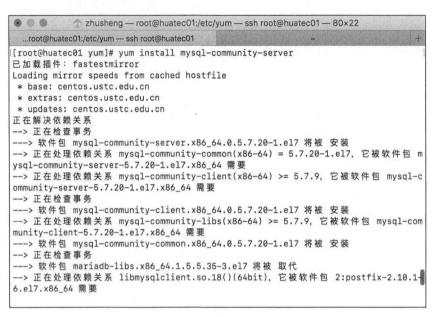

图6-9　MySQL安装示意

执行效果如图 6-10 所示。

```
[root@huatec01 yum]# service mysqld status
Redirecting to /bin/systemctl status  mysqld.service
mysqld.service - MySQL Server
   Loaded: loaded (/usr/lib/systemd/system/mysqld.service; enabled)
   Active: active (running) since 四 2017-12-28 14:45:46 CST; 16s ago
     Docs: man:mysqld(8)
           http://dev.mysql.com/doc/refman/en/using-systemd.html
  Process: 2113 ExecStart=/usr/sbin/mysqld --daemonize --pid-file=/var/run/mysql
d/mysqld.pid $MYSQLD_OPTS (code=exited, status=0/SUCCESS)
  Process: 2040 ExecStartPre=/usr/bin/mysqld_pre_systemd (code=exited, status=0/
SUCCESS)
 Main PID: 2117 (mysqld)
   CGroup: /system.slice/mysqld.service
           └─2117 /usr/sbin/mysqld --daemonize --pid-file=/var/run/mysqld/mysqld
.pid

12月 28 14:45:46 huatec01 systemd[1]: Started MySQL Server.
[root@huatec01 yum]#
```

图6-10　启动MySQL服务

为了方便后续使用 MySQL 数据库，我们将数据库设置为开机启动，指令如下：

【代码 6-11】 设置 MySQL 开机自动启动

```
[root@huatec01 yum]# systemctl enable mysqld
[root@huatec01 yum]# systemctl daemon-reload
```

MySQL 5.7 会自动生成默认数据库密码（5.6 系列安装完需要手动设置），因此第一次登录 MySQL 需要找到默认的密码进行登录，查看指令如下：

【代码 6-12】 查看默认密码

```
[root@huatec01 yum]# grep 'temporary password' /var/log/mysqld.log
```

使用默认密码登录 MySQL shell 客户端，然后修改默认的数据库密码，修改 MySQL 数据库默认密码的指令如下：

【代码 6-13】 修改数据库密码

```
mysql> set password for 'root'@'localhost'=password('root');
```

执行效果如图 6-11 所示。

```
mysql> set password for 'root'@'localhost'=password('root');
Query OK, 0 rows affected, 1 warning (0.00 sec)

mysql>
```

图6-11　修改数据库密码示意

为了让外部用户可以连接到 MySQL 数据库，为数据库设置访问权限，具体代码如下：

【代码 6-14】 设置数据库访问权限

```
mysql> GRANT ALL PRIVILEGES ON *.* TO 'root'@'%' IDENTIFIED BY 'root' WITH GRANT OPTION;
mysql> GRANT ALL PRIVILEGES ON *.* TO 'zhusheng'@'%' IDENTIFIED BY 'zhusheng' WITH GRANT OPTION;
```

在上面的指令中，分别为 root 用户和普通用户 zhusheng 开放外部访问权限。

3. 配置 Hive

为了方便使用 Hive，首先为 Hive 配置全局环境变量，指令代码如下：

【代码 6-15】 配置 Hive 全局环境变量

```
[root@huatec01 bin]# vi /etc/profile
...
#hive
export HIVE_HOME=/huatec/apache-hive-2.1.1-bin
export PATH=$PATH:$HIVE_HOME/bin
```

在环境变量配置文件的结尾添加与 Hive 有关的环境变量，然后执行 "source /etc/profile" 让配置更新并生效。

前文中，为 Hive 安装了元数据库 MySQL，但是还没有进行配置。进入到 Hive 安装目录下的 conf 目录，该目录默认存在 hive-default.xml.template，它是 Hive 的配置模板文件，将其名称改为 hive-site.xml，然后修改其中的内容，具体代码如下：

【代码 6-16】 hive-site.xml

```
...
//499 行
<property>
<name>javax.jdo.option.ConnectionURL</name>
<value>jdbc:mysql://huatec01:3306/hive?createDatabaseIfNotExist=true</value>
<description>
      JDBC connect string for a JDBC metastore.
      To use SSL to encrypt/authenticate the connection, provide database-specific SSL flag in the connection URL.
         For example, jdbc:postgresql://myhost/db?ssl=true for postgres database.
</description>
</property>
...
//931 行
<property>
<name>javax.jdo.option.ConnectionDriverName</name>
<value>com.mysql.jdbc.Driver</value>
<description>Driver class name for a JDBC metastore</description>
</property>
...
//956 行
<property>
<name>javax.jdo.option.ConnectionUserName</name>
<value>root</value>
<description>Username to use against metastore database</description>
</property>
...
//484 行
<property>
<name>javax.jdo.option.ConnectionPassword</name>
<value>root</value>
```

```xml
    <description>password to use against metastore database</description>
  </property>
  ...
  //685 行
  <property>
    <name>hive.metastore.schema.verification</name>
    <value>false</value>
    <description>
    Enforce metastore schema version consistency.
    True: Verify that version information stored in is compatible
with one from Hive jars.  Also disable automatic
      schema migration attempt. Users are required to manually migrate
schema after Hive upgrade which ensures
      proper metastore schema migration. (Default)
    False: Warn if the version information stored in metastore
doesn't match with one from in Hive jars.
    </description>
  </property>
```

在上面的配置文件中，修改了 5 个属性，第一个属性是指定数据库连接，Hive 第一次启动的时候会默认创建 Hive 数据库；第二个属性指定 MySQL 的驱动方式为"com.mysql.jdbc.Driver"；第三个属性和第四个属性分别指定了连接数据库的用户名和密码；第五个属性的值为元数据库表认证，将其值改为"false"。然后将该配置文件中的"${system:java.io.tmpdir}"全部替换为"/huatec/apache-hive-2.1.1-bin/tmp"，并手动创建该路径。

启动 Hive 前，初始化元数据库，具体代码如下：

【代码 6-17】 初始化元数据库

```
[root@huatec01 bin]# ./schematool -initSchema -dbType mysql
```

执行效果如图 6-12 所示。

当控制台输出"schemaTool completed"日志，表明元数据库初始化成功。

启动 Hive，如图 6-13 所示，Hive 成功进入 Shell 模式。

6.2.2 Hive表操作

Hive 进行数据分析是需要确保数据是使用 Hive 进行管理和维护的，Hive 管理数据是采用表的方式进行的，Hive 的表分为 4 种类型，它们分别是内部表、外部表、分区表和桶表。

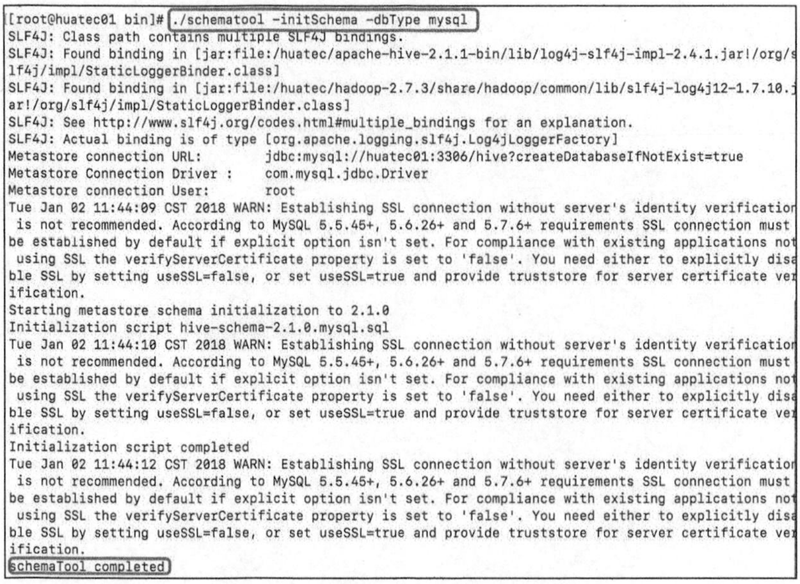

```
[root@huatec01 bin]# ./schematool -initSchema -dbType mysql
SLF4J: Class path contains multiple SLF4J bindings.
SLF4J: Found binding in [jar:file:/huatec/apache-hive-2.1.1-bin/lib/log4j-slf4j-impl-2.4.1.jar!/org/s
lf4j/impl/StaticLoggerBinder.class]
SLF4J: Found binding in [jar:file:/huatec/hadoop-2.7.3/share/hadoop/common/lib/slf4j-log4j12-1.7.10.j
ar!/org/slf4j/impl/StaticLoggerBinder.class]
SLF4J: See http://www.slf4j.org/codes.html#multiple_bindings for an explanation.
SLF4J: Actual binding is of type [org.apache.logging.slf4j.Log4jLoggerFactory]
Metastore connection URL:        jdbc:mysql://huatec01:3306/hive?createDatabaseIfNotExist=true
Metastore Connection Driver :    com.mysql.jdbc.Driver
Metastore connection User:       root
Tue Jan 02 11:44:09 CST 2018 WARN: Establishing SSL connection without server's identity verification
 is not recommended. According to MySQL 5.5.45+, 5.6.26+ and 5.7.6+ requirements SSL connection must
be established by default if explicit option isn't set. For compliance with existing applications not
 using SSL the verifyServerCertificate property is set to 'false'. You need either to explicitly disa
ble SSL by setting useSSL=false, or set useSSL=true and provide truststore for server certificate ver
ification.
Starting metastore schema initialization to 2.1.0
Initialization script hive-schema-2.1.0.mysql.sql
Tue Jan 02 11:44:10 CST 2018 WARN: Establishing SSL connection without server's identity verification
 is not recommended. According to MySQL 5.5.45+, 5.6.26+ and 5.7.6+ requirements SSL connection must
be established by default if explicit option isn't set. For compliance with existing applications not
 using SSL the verifyServerCertificate property is set to 'false'. You need either to explicitly disa
ble SSL by setting useSSL=false, or set useSSL=true and provide truststore for server certificate ver
ification.
Initialization script completed
Tue Jan 02 11:44:12 CST 2018 WARN: Establishing SSL connection without server's identity verification
 is not recommended. According to MySQL 5.5.45+, 5.6.26+ and 5.7.6+ requirements SSL connection must
be established by default if explicit option isn't set. For compliance with existing applications not
 using SSL the verifyServerCertificate property is set to 'false'. You need either to explicitly disa
ble SSL by setting useSSL=false, or set useSSL=true and provide truststore for server certificate ver
ification.
schemaTool completed
```

图6-12　初始化Hive元数据库示意

```
[root@huatec01 tmp]# hive
SLF4J: Class path contains multiple SLF4J bindings.
SLF4J: Found binding in [jar:file:/huatec/apache-hive-2.1.1-bin/lib/l
SLF4J: Found binding in [jar:file:/huatec/hadoop-2.7.3/share/hadoop/c
SLF4J: See http://www.slf4j.org/codes.html#multiple_bindings for an e
SLF4J: Actual binding is of type [org.apache.logging.slf4j.Log4jLogge

Logging initialized using configuration in jar:file:/huatec/apache-hi
Tue Jan 02 11:52:26 CST 2018 WARN: Establishing SSL connection withou
ablished by default if explicit option isn't set. For compliance with
etting useSSL=false, or set useSSL=true and provide truststore for se
Tue Jan 02 11:52:26 CST 2018 WARN: Establishing SSL connection withou
ablished by default if explicit option isn't set. For compliance with
etting useSSL=false, or set useSSL=true and provide truststore for se
Tue Jan 02 11:52:26 CST 2018 WARN: Establishing SSL connection withou
ablished by default if explicit option isn't set. For compliance with
etting useSSL=false, or set useSSL=true and provide truststore for se
Tue Jan 02 11:52:26 CST 2018 WARN: Establishing SSL connection withou
ablished by default if explicit option isn't set. For compliance with
etting useSSL=false, or set useSSL=true and provide truststore for se
Tue Jan 02 11:52:29 CST 2018 WARN: Establishing SSL connection withou
ablished by default if explicit option isn't set. For compliance with
etting useSSL=false, or set useSSL=true and provide truststore for se
Tue Jan 02 11:52:29 CST 2018 WARN: Establishing SSL connection withou
ablished by default if explicit option isn't set. For compliance with
etting useSSL=false, or set useSSL=true and provide truststore for se
Tue Jan 02 11:52:29 CST 2018 WARN: Establishing SSL connection withou
ablished by default if explicit option isn't set. For compliance with
etting useSSL=false, or set useSSL=true and provide truststore for se
Tue Jan 02 11:52:29 CST 2018 WARN: Establishing SSL connection withou
ablished by default if explicit option isn't set. For compliance with
etting useSSL=false, or set useSSL=true and provide truststore for se
Hive-on-MR is deprecated in Hive 2 and may not be available in the fu
hive>
```

图6-13　Hive Shell模式示意

开发者执行所有的表操作是需要在 Hive Shell 模式下进行的，因此需要先成功进入 Hive Shell 模式，然后调用 Hive 提供的 Shell 操作语法执行表操作。

Hive Shell 的操作除了 4 种表的创建操作比较特殊外，其他操作基本都和 MySQL 差不多，这里将结合相关的示例说明这 4 种表是如何创建并加载数据的。

1. 内部表

内部表是常用的一种 Hive 表类型，首先创建一个内部表，建表代码如下：

【代码 6-18】 创建内部表

```
create table t_order(id int ,name string)
row format delimited
fields terminated by '\t';
```

执行上面的建表语句，执行效果如图 6-14 所示。

```
hive> create table t_order(id int, name string) row format delimited fields term
inated by '\t';
OK
Time taken: 1.892 seconds
hive> show tables;
OK
t_order
test
trade_detail
user_info
Time taken: 0.183 seconds, Fetched: 4 row(s)
hive>
```

图6–14　创建内部表

在创建完内部表后，执行“show tables;”命令行会显示所有的表，我们可以看到新建的表“t_order”位于其中。

新建的 Hive 表自然是一个空表，我们将本地的数据加载到该表中，然后就使用和 MySQL 完全一样的 select 查询语句来查询数据，数据加载指令如下代码：

【代码 6-19】 内部表数据加载

```
load data local inpath '/home/order.log' into table t_order;
```

执行效果如图 6-15 所示。

```
hive> load data local inpath '/home/order.log' into table t_order;
Loading data to table default.t_order
OK
Time taken: 1.5 seconds
hive> select * from t_order;
OK
1       李欣
2       吴玲
3       李香玲
4       赵刘山
5       齐鸣
6       王英
7       Smith
8       Jsrison
9       Romis
10      Sandy
Time taken: 1.47 seconds, Fetched: 10 row(s)
hive>
```

图6–15　内部表数据加载

经过前面的讲解，我们可以知道 Hive 的底层是依赖 HDFS 的，也就是说 Hive 的数据实际上还是存储在 HDFS 上的，而且这个存储目录也可以通过 hive-site.xml 进行设置。在浏览器中访问 HDFS 页面进行验证，效果如图 6-16 所示。

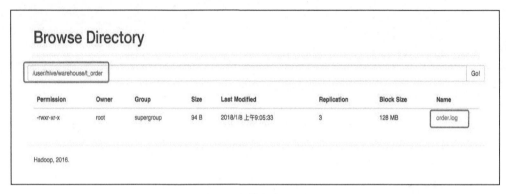

图6-16 内部表在HDFS上

从图 6-16 可以发现，在"/user/hive/warehouse/t_order"目录下有一个文件"order_log"，这再次表明，Hive 表在 HDFS 上对应的其实是一个目录，目录下的所有文件都是表的数据，这种存储结构和 MySQL 是完全不同的，需要认真加以理解。

2. 外部表

通过内部表的创建和基本使用，我们可以知道内部表的数据其实就是存储在 HDFS 上的，而且是导入的。那么如果现在数据本身就存储在 HDFS 上，我们是否可以使用 Hive 来管理呢？

其实不用这么麻烦，Hive 在被设计时就已经考虑到了这一点，我们只需要使用 Hive 的外部表就可以轻松实现这种业务需求。

但是外部表管理数据必须在创建表的同时就指定外部数据的位置。理论上，只要数据表格式和数据格式都是标准化的，而且一一对应，不管数据存储在 HDFS 的什么位置，都可以使用 Hive 进行管理。

我们假设 HDFS 上有一个数据日志文件"order-20171021.log"，文件内容如图 6-17 所示。

现在使用外部表的方式将其纳入 Hive 的管理中去，整个执行语句如下所示：

【代码6-20】 创建外部表并加载数据

```
create external table order_log (order_id int, sn string, member_id int,
status int, payment_id int, logi_id int, total_amount double, address_id int,
create_time string, modify_time string) row format delimited fields
terminated by '\t' location '/mobileshop';
```

```
[root@huatec01 ~]# hadoop fs -ls /mobileshop
Found 1 items
-rw-r--r--   3 root supergroup        645 2018-01-08 09:38 /mobileshop/order-20171021.log
[root@huatec01 ~]# hadoop fs -cat /mobileshop/order-20171021.log
3       70dc236b89d940e69a3efe82fd21613a        16      3       2       2       1
39.10   3       2016-11-24 08:39:03     2016-11-24 08:39:03
4       d98085536e044a209bf489d127043da0        5       4       0       0       9
.90     31      2016-11-24 08:50:24     2016-11-24 08:50:24
5       e86e292b639a458e864661b2a15eb978        16      4       0       0       2
9.70    3       2016-11-24 16:19:22     2016-11-24 16:19:22
7       7ef937daa5794191bc94f86fa68e0229        16      3       4       4       2
7.80    3       2016-11-25 14:28:26     2016-11-25 14:28:26
8       32458ba7edd0494ba08c00855d5d58b8        16      4       0       0       5
7.50    6       2016-12-02 16:22:24     2016-12-02 16:22:24
9       6aa7499f045845669ee65771d5901f16        16      3       5       5       5
5.76    4       2016-12-06 10:03:51     2016-12-06 10:03:51
10      a1577b2052364d19acdbc56d220d05f4        5       0       6       6       7
9.64    31      2016-12-06 10:04:15     2016-12-06 10:04:15
[root@huatec01 ~]#
```

图6-17　order-20171021.log文件内容

需要注意的是 location 后面跟的是 HDFS 上的一个目录，不是具体的某个文件。比如"order-20171021.log"文件在 HDFS 上的绝对路径为："hdfs://ns1/mobileshop/order-20171021.log"，但是指定 location 的时候需要告诉"order-20171021.log"文件所在的目录，也就是"hdfs://ns1/mobileshop"，也可以使用相对路径表示"/mobileshop"。

其实这说明了一个问题，如果"/mobileshop"路径下有很多和"order-20171021.log"文件结构相同的日志文件，上述指令将会遍历该目录下的所有文件，然后将其都关联到 Hive 外部表中去。

上述指令的执行效果如图 6-18 所示。

```
hive> create external table order_log (order_id int, sn string, member_id int, s
tatus int, payment_id int, logi_id int, total_amount double, address_id int, cre
ate_time string, modify_time string) row format delimited fields terminated by '
\t' location '/mobileshop';
OK
Time taken: 0.127 seconds
hive> select * from order_log;
OK
3       70dc236b89d940e69a3efe82fd21613a        16      3       2       2       1
39.1    3       2016-11-24 08:39:03     2016-11-24 08:39:03
4       d98085536e044a209bf489d127043da0        5       4       0       0       9
.9      31      2016-11-24 08:50:24     2016-11-24 08:50:24
5       e86e292b639a458e864661b2a15eb978        16      4       0       0       2
9.7     3       2016-11-24 16:19:22     2016-11-24 16:19:22
7       7ef937daa5794191bc94f86fa68e0229        16      3       4       4       2
7.8     3       2016-11-25 14:28:26     2016-11-25 14:28:26
8       32458ba7edd0494ba08c00855d5d58b8        16      4       0       0       5
7.5     6       2016-12-02 16:22:24     2016-12-02 16:22:24
9       6aa7499f045845669ee65771d5901f16        16      3       5       5       5
5.76    4       2016-12-06 10:03:51     2016-12-06 10:03:51
10      a1577b2052364d19acdbc56d220d05f4        5       0       6       6       7
9.64    31      2016-12-06 10:04:15     2016-12-06 10:04:15
Time taken: 0.182 seconds, Fetched: 7 row(s)
hive>
```

图6-18　创建外部表并加载数据

从图 6-18 中，我们可以看出，执行操作是成功的，当执行"select * from order_log;"查询语句时，我们能够查询到相应的数据。

3. 分区表

分区表是为了方便快速查询数据而设计的,它可以将数据按照省份、时间等对数据进行分类管理,比如一个省份是一个目录层级,省下的每个市是一个子目录层级,与该市相关的数据都存储在该目录下。也可以将该省或市的数据继续按照年、月来进行细分管理。

分区表可以结合内部表和外部表使用,因此分区表的操作也分为两种。首先说明内部表是如何是使用分区操作的,这里给出的思路是在创建表的时候指定分区,然后将数据导入到表中。建表语句如下:

【代码6-21】 创建内部分区表

```
create table member_address(address_id int, member_id int, province string, city string, region string, addr string, mobile string, receiver string, create_time string, modify_time string) partitioned by (address string) row format delimited fields terminated by '\t';
```

执行上述指令,执行效果如图6-19所示。

```
hive> create table member_address(address_id int, member_id int, province string
, city string, region string, addr string, mobile string, receiver string, creat
e_time string, modify_time string) partitioned by (address string) row format de
limited fields terminated by '\t';
OK
Time taken: 0.162 seconds
hive> show tables;
OK
member_address
order_log
t_order
test
trade_detail
user_info
Time taken: 0.031 seconds, Fetched: 6 row(s)
hive>
```

图6-19 创建内部分区表

内部分区表的创建和内部表的创建区需要指定"partiitioned by",通俗地说就是分区字段,需要注意的是分区字段名称不能是表的字段名称。例如在上面的建表语句中,本意是想按照省份进行分区,但是数据本身已经包含了这个字段,因此重新取了一个分区字段名称"address"来代表省份。

接下来,我们为表加载数据,加载指令如下:

【代码6-22】 分区表加载数据

```
load data local inpath '/home/member_address_hlj' overwrite into table member_address(address="黑龙江");
load data local inpath '/home/member_address_hn' overwrite into table member_address(address="湖南省");
```

```
    load data local inpath '/home/member_address_gd' overwrite into
table member_address(address="广东省");
```

执行上述导入数据的指令，执行效果如图 6-20 所示。

```
hive> load data local inpath '/home/member_address_hlj' overwrite into table member_address partition(address="HeiLongjiang");
Loading data to table default.member_address partition (address=HeiLongjiang)
OK
Time taken: 0.909 seconds
hive> load data local inpath '/home/member_address_hn' overwrite into table member_address partition(address="HuNan");
Loading data to table default.member_address partition (address=HuNan)
OK
Time taken: 0.768 seconds
hive> load data local inpath '/home/member_address_gd' overwrite into table member_address partition(address="GuangDong");
Loading data to table default.member_address partition (address=GuangDong)
OK
Time taken: 0.865 seconds
hive>
```

图6-20　导入数据到分区表

在本地目录“/home”下有几个文件“member_address_hlj”“member_address_hn”“member_address_gd”，它们分别表示黑龙江省、湖南省和广东省的会员地址数据。需要分别指定分区名称然后导入，这样导入后的数据才能以分区名称形成自己的目录层级。

在 HDFS 上验证一下这种分区层级关系，如图 6-21 所示。

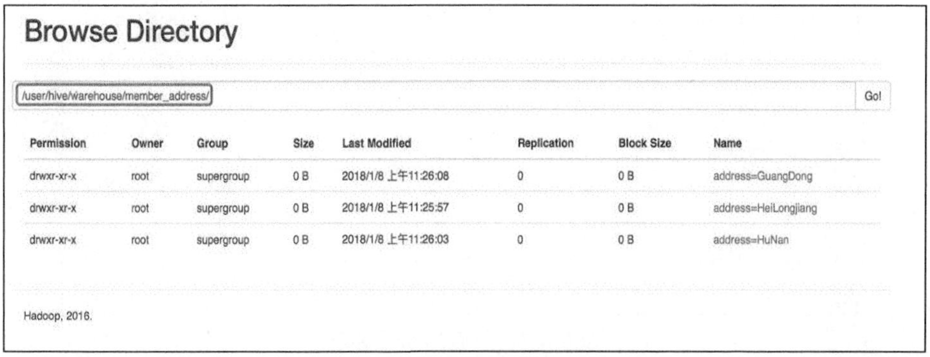

Permission	Owner	Group	Size	Last Modified	Replication	Block Size	Name
drwxr-xr-x	root	supergroup	0 B	2018/1/8 上午11:26:08	0	0 B	address=GuangDong
drwxr-xr-x	root	supergroup	0 B	2018/1/8 上午11:25:57	0	0 B	address=HeiLongjiang
drwxr-xr-x	root	supergroup	0 B	2018/1/8 上午11:26:03	0	0 B	address=HuNan

图6-21　查看分区表层级关系

图 6-21 中，我们可以看出，每一个分区都是一个文件夹，该文件夹下为分区的数据文件。虽然分区字段在 HDFS 上表示的是一个层级目录，但是其实它还是表的字段，因此完整的分区表字段是包含分区字段的。我们可以使用分区字段直接作为查询条件，例如“select * from member_address where address=“HuNan”;”，执行效果如图 6-22 所示。

```
hive> select * from member_address where address="HuNan";
OK
18      16      湖南省  长沙市  -       -       18575593069    ÖìÊ¤    2016-10-27 15:34:522
016-10-27 15:34:52      HuNan
28      3       湖南省  长沙市  -       -       13489765432    jack    2016-10-27 16:43:582
016-10-27 16:43:58      HuNan
29      16      湖南省  娄底市  -       -       18575593069    æ±è     2016-10-27 16:47:372
016-10-27 16:47:37      HuNan
Time taken: 0.248 seconds, Fetched: 3 row(s)
hive>
```

图6-22 查询分区数据

分区表还可以结合外部表进行使用，它的用法和内部表非常相似。如果需要使用外部分区表，首先存储在 HDFS 上的数据层级结构和数据结构都需要符合分区表的特点。其主要思路是先创建一个外部表并指定分区字段，然后为外部分区表添加分区，添加的时候并指定数据在 HDFS 上的存储路径。创建外部分区表的指令如下：

【代码6-23】 创建外部分区表

```
create external table ext_member_address(address_id int, member_id int,
province string, city string, region string, addr string, mobile string,
receiver string, create_time string, modify_time string) partitioned by
(address string) row format delimited fields terminated by '\t' location
'/member_address';
```

执行效果如图 6-23 所示。

```
hive> create external table ext_member_address(address_id int, member_id int, province strin
g, city string, region string, addr string, mobile string, receiver string, create_time stri
ng, modify_time string) partitioned by (address string) row format delimited fields terminat
ed by '\t' location '/member_address';
OK
Time taken: 0.241 seconds
hive> show tables;
OK
ext_member_address
member_address
order_log
t_order
test
trade_detail
user_info
Time taken: 0.095 seconds, Fetched: 7 row(s)
hive>
```

图6-23 创建外部分区表

需要注意的是在创建外部分区表的时候必须指定 "location" 属性，因为外部分区表也算是外部表的一种，同样需要遵循外部表的创建规则。这里指定的 HDFS 路径为 "/member_address"，HDFS 文件结构如图 6-24 所示。

现在我们的外部表已经关联到了 "/ member_address"，但是它的二级目录还没有关联到分区。从图 6-24 中我们可以看出，我们的二级分区有 3 个，分别是 "GuangDong" "HeiLongJiang" "HuNan"。接下来关联分区，相关指令如下：

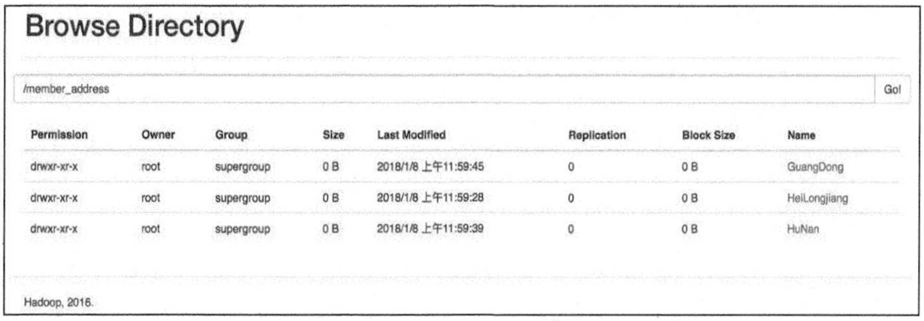

Browse Directory

/member_address Go!

Permission	Owner	Group	Size	Last Modified	Replication	Block Size	Name
drwxr-xr-x	root	supergroup	0 B	2018/1/8 上午11:59:45	0	0 B	GuangDong
drwxr-xr-x	root	supergroup	0 B	2018/1/8 上午11:59:28	0	0 B	HeiLongjiang
drwxr-xr-x	root	supergroup	0 B	2018/1/8 上午11:59:39	0	0 B	HuNan

Hadoop, 2016.

图6-24　HDFS文件结构

【代码 6-24】 关联分区

```
alter table ext_member_address add partition(address="HeiLongjiang")
location '/member_address/HeiLongjiang';
alter table ext_member_address add partition(address="HuNan")
location '/member_address/HuNan';
alter table ext_member_address add partition(address="GuangDong")
location '/member_address/GuangDong';
```

执行上述指令，执行效果如图 6-25 所示。

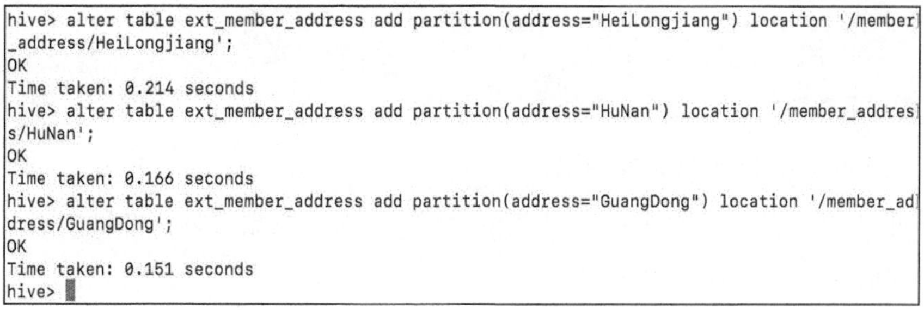

```
hive> alter table ext_member_address add partition(address="HeiLongjiang") location '/member
_address/HeiLongjiang';
OK
Time taken: 0.214 seconds
hive> alter table ext_member_address add partition(address="HuNan") location '/member_addres
s/HuNan';
OK
Time taken: 0.166 seconds
hive> alter table ext_member_address add partition(address="GuangDong") location '/member_ad
dress/GuangDong';
OK
Time taken: 0.151 seconds
hive>
```

图6-25　关联分区示意

4. 桶表（Bucket）

我们已经讲到了内部表和外部表，以及使用分区表对数据进行细分管理。其实对于每一个表或者分区，Hive 还可以进行更为细致的数据划分和管理，也就是桶（Bucket）。Hive 也是针对某一列进行桶的组织，Hive 采用对列值哈希，然后除以桶的个数求余的方式决定该条记录存放在哪个桶当中。

把表（或者分区）组织成桶（Bucket）有以下两个理由。

① 获得更高的查询处理效率。桶为表加上了额外的结构，Hive 在处理某些查询时能利用这个结构。具体而言，连接两个在（包含连接列的）相同列上划分了桶的表，可以

使用 Map 端连接（Map-side join）高效的实现。比如 JOIN 操作。对于 JOIN 操作两个表有一个相同的列，如果对这两个表都进行了桶操作。那么将保存相同列值的桶进行 JOIN 操作就可以大大减少 JOIN 的数据量。

② 使取样（sampling）更高效。我们处理大规模数据集时，在开发和修改查询的阶段，如果能在数据集的一小部分数据上试运行查询，会带来很多方便。

使用桶表之前，我们需要进行相关设置，否则输出后将只有一个文件。设置指令如下：

【代码 6-25】 桶表设置

```
set hive.enforce.bucketing = true
```

要向分桶表中填充数据，需要将"hive.enforce.bucketing"属性设置为 true。这样，Hive 就知道用表定义中声明的数量来创建桶。然后使用 INSERT 命令即可。

以前文讲述外部表时创建的表"order_log"为例，并基于该外部表的数据创建桶表。需要注意的是，需要对表"order_log"进行桶表管理，那么桶表的表结构必须和表"order_log"的表结构一致，创建桶表语句如下：

【代码 6-26】 创建桶表

```
create table if not exists bk_order_log (order_id int, sn string, member_id int, status int, payment_id int, logi_id int, total_amount double, address_id int, create_time string, modify_time string)clustered by(uid) into 4 buckets row format delimited fields terminated by '\t' ;
```

执行上述指令效果如图 6-26 所示。

但是新建的桶表是空的，需要将"order_log"表的数据导入到"bk_order_log"中，指令如下所示：

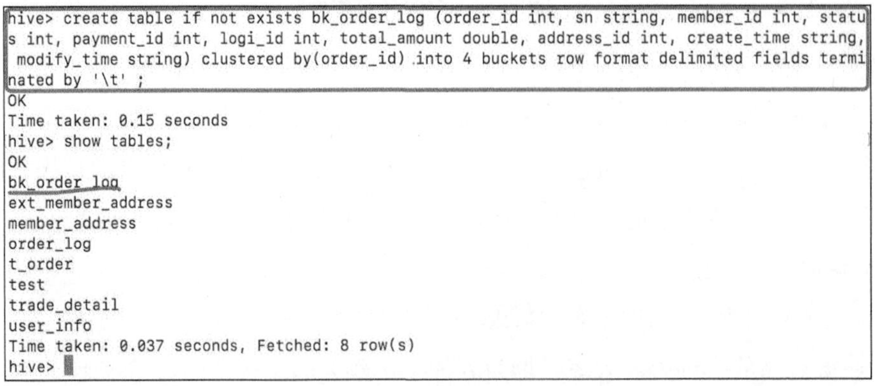

```
hive> create table if not exists bk_order_log (order_id int, sn string, member_id int, status int, payment_id int, logi_id int, total_amount double, address_id int, create_time string, modify_time string) clustered by(order_id) into 4 buckets row format delimited fields terminated by '\t' ;
OK
Time taken: 0.15 seconds
hive> show tables;
OK
bk_order_log
ext_member_address
member_address
order_log
t_order
test
trade_detail
user_info
Time taken: 0.037 seconds, Fetched: 8 row(s)
hive>
```

图 6-26 创建桶表示意

【代码 6-27】 为桶表添加数据

```
set hive.enforce.bucketing = true;
insert into table bk_order_log select * from order_log;
```

执行效果如图 6-27 所示。

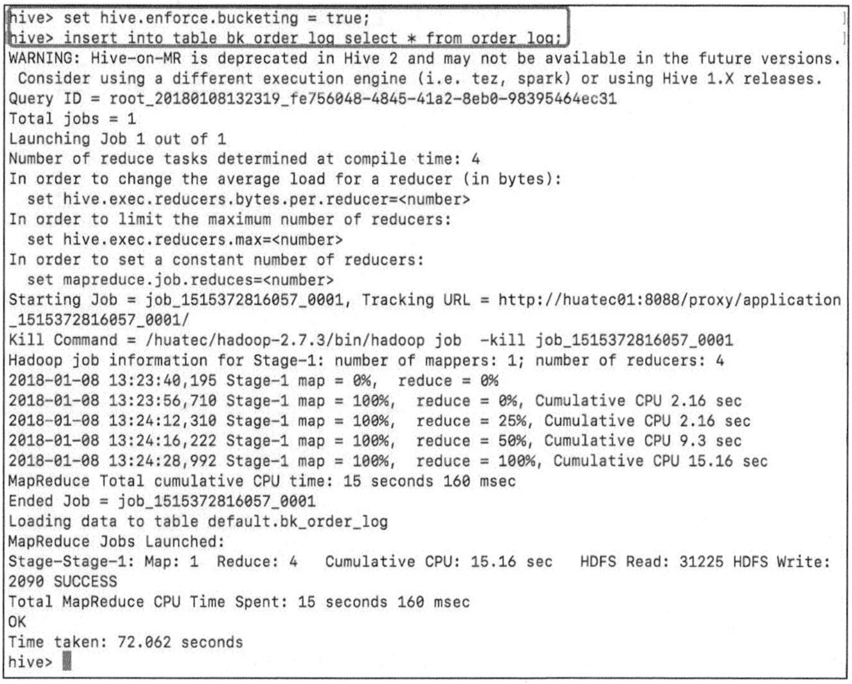

```
hive> set hive.enforce.bucketing = true;
hive> insert into table bk_order_log select * from order_log;
WARNING: Hive-on-MR is deprecated in Hive 2 and may not be available in the future versions.
 Consider using a different execution engine (i.e. tez, spark) or using Hive 1.X releases.
Query ID = root_20180108132319_fe756048-4845-41a2-8eb0-98395464ec31
Total jobs = 1
Launching Job 1 out of 1
Number of reduce tasks determined at compile time: 4
In order to change the average load for a reducer (in bytes):
  set hive.exec.reducers.bytes.per.reducer=<number>
In order to limit the maximum number of reducers:
  set hive.exec.reducers.max=<number>
In order to set a constant number of reducers:
  set mapreduce.job.reduces=<number>
Starting Job = job_1515372816057_0001, Tracking URL = http://huatec01:8088/proxy/application
_1515372816057_0001/
Kill Command = /huatec/hadoop-2.7.3/bin/hadoop job  -kill job_1515372816057_0001
Hadoop job information for Stage-1: number of mappers: 1; number of reducers: 4
2018-01-08 13:23:40,195 Stage-1 map = 0%,  reduce = 0%
2018-01-08 13:23:56,710 Stage-1 map = 100%,  reduce = 0%, Cumulative CPU 2.16 sec
2018-01-08 13:24:12,310 Stage-1 map = 100%,  reduce = 25%, Cumulative CPU 2.16 sec
2018-01-08 13:24:16,222 Stage-1 map = 100%,  reduce = 50%, Cumulative CPU 9.3 sec
2018-01-08 13:24:28,992 Stage-1 map = 100%,  reduce = 100%, Cumulative CPU 15.16 sec
MapReduce Total cumulative CPU time: 15 seconds 160 msec
Ended Job = job_1515372816057_0001
Loading data to table default.bk_order_log
MapReduce Jobs Launched:
Stage-Stage-1: Map: 1  Reduce: 4   Cumulative CPU: 15.16 sec   HDFS Read: 31225 HDFS Write:
2090 SUCCESS
Total MapReduce CPU Time Spent: 15 seconds 160 msec
OK
Time taken: 72.062 seconds
hive>
```

图6-27 为桶表添加数据示意

我们从图 6-27 中可以看出，Hive 将数据导入操作转换为 MapReduce 任务，一共有 4 个“reducers”，在 HDFS 上查看桶表的结构，如图 6-28 所示。

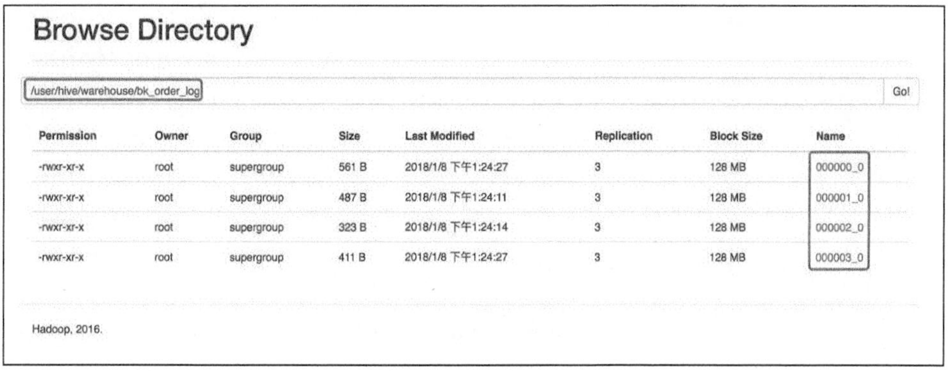

Browse Directory

/user/hive/warehouse/bk_order_log Go!

Permission	Owner	Group	Size	Last Modified	Replication	Block Size	Name
-rwxr-xr-x	root	supergroup	561 B	2018/1/8 下午1:24:27	3	128 MB	000000_0
-rwxr-xr-x	root	supergroup	487 B	2018/1/8 下午1:24:11	3	128 MB	000001_0
-rwxr-xr-x	root	supergroup	323 B	2018/1/8 下午1:24:14	3	128 MB	000002_0
-rwxr-xr-x	root	supergroup	411 B	2018/1/8 下午1:24:27	3	128 MB	000003_0

Hadoop, 2016.

图6-28 桶表结构

图 6-28 中，我们可以看到桶表有 4 个文件，“reducers” 个数和这里的桶表文件个数与创建桶表时设置的 buckets 数量有关。

桶表也是 Hive 表的一种，同样可以使用 “select” 等语句进行数据查询，例如 “select * from bk_order_log”，除了这些基本的查询操作之外，还可以将桶作为查询条件。比如对桶表数据进行取样，相关指令格式如下：

【代码 6-28】 查询桶表

```
select * from bk_users_log TABLESAMPLE(BUCKET x OUT OF y);
```

指令中的 x 和 y 是参数，y 尽可能是桶表的 bucket 数的倍数或者因子，而且 y 必须要大于 x，当执行相关指令时，Hive 会根据 y 决定抽样的比例，x 表示从哪个桶开始进行抽样。

例如 “clustered by(id) into 16 buckets”，table 总共分了 16 桶，当 y=8 时，抽取 (16/8=)2 个 bucket 的数据。

以创建的桶表 “bk_order_log” 为例，桶表有 4 个桶，如果我们抽取不同数据，常见的抽样操作如下所示：

（1）从 bk_order_log 分桶表中抽出一桶数据

假设 x=2，y=4

抽样一桶数据，具体代码如下：

【代码 6-29】 抽样一桶数据

```
select * from bk_order_log TABLESAMPLE(BUCKET 2 OUT OF 4);
```

执行上述抽样语句，执行效果如图 6-29 所示。

```
hive> select * from bk_order_log TABLESAMPLE(BUCKET 2 OUT OF 4);
OK
17      3       NULL    NULL    NULL    NULL    1.3567892345E10 NULL    2016-10-12 17:22:492
016-10-12 17:22:49
9       3       NULL    NULL    NULL    NULL    1.3376315498E10 NULL    2016-09-07 14:43:062
016-09-07 14:43:06
5       e86e292b639a458e864661b2a15eb978        16      4       0       0       29.7    3   2
016-11-24 16:19:22      2016-11-24 16:19:22
9       6aa7499f045845669ee65771d5901f16        16      3       5       5       55.76   4   2
016-12-06 10:03:51      2016-12-06 10:03:51
29      16      NULL    NULL    NULL    NULL    1.8575593069E10 NULL    2016-10-27 16:47:372
016-10-27 16:47:37
5       16      NULL    NULL    NULL    NULL    1.3598763154E10 NULL    2016-09-07 14:39:012
016-09-07 14:39:01
Time taken: 0.24 seconds, Fetched: 6 row(s)
hive>
```

图6-29 桶表抽样示意

抽样查询和普通查询的区别就在于数据是样本数据，当数据的基数非常大时，我们可以基于抽样的数据进行抽样调查。

我们后续会结合 "bk_order_log" 表，继续给出抽样二桶、四桶、半桶数据的抽样语句，读者可以自己进行执行查看。当然如果桶数非常多的话，也可以有更多的抽样选择。

（2）从 bk_order_log 分桶表抽出二桶数据

假设 x=2，y=2

抽样二桶数据，具体代码如下：

【代码6-30】 抽样二桶数据

```
select * from bk_order_log TABLESAMPLE(BUCKET 2 OUT OF 2);
```

（3）从 bk_order_log 分桶表抽出四桶数据

假设 x=1，y=1

抽样四桶数据，具体代码如下：

【代码6-31】 抽样四桶数据

```
select * from bk_order_log TABLESAMPLE(BUCKET 1 OUT OF 1);
```

（4）从 bk_order_log 分桶表抽出半桶数据

假设 x=1，y=8

抽样半桶数据，具体代码如下：

【代码6-32】 抽样半桶数据

```
select * from bk_order_log TABLESAMPLE(BUCKET 1 OUT OF 8);
```

除了上述的抽样方式之外，Hive 表还可以通过 "by rand() limit x" 进行指定条数随机取样，通过 "TABLESAMPLE (n PERCENT)" 进行块取样，通过 "TABLESAMPLE (nM)" 指定取样数据大小（单位为 MB）等。

桶表的功能非常强大，除了以上各种强大的取样功能之外，还可以结合分区表进行混合细分管理。

6.2.3 Hive数据分析

我们以前进行数据分析，主要都是编写 MapReduce 代码，复杂的数据分析还需要进行 Combiner、Shuffer 处理。现在有了 Hive，我们可以通过编写 Hive QL 语句进行数据分析，经过 Hive 转换器可以将 Hive QL 语句转换为相应的 MapReduce 任务。

现在通过一个词频统计示例来说明 Hive 的数据分析，词频统计算法是最能体现

MapReduce 思想的算法之一，因此这里以 WordCount 为例，简单比较一下 MapReduce 编程和 Hive 语句的不同点。

首先准备一下数据源，两个用于词频统计的文件，wc1.txt、wc2.txt。文件部分内容格式如下所示：

【代码 6-33】 词频统计文件

```
username zhaoming
username limei
...
```

在进行词频统计时，我们需要拆分每一行的数据，注意：每行数据之间的间隔用一个空格分开。然后将这两个文件上传到 huatec01 主机上。具体操作如下：

【代码 6-34】 上传文件到 huatec01

```
→ 项目 6 scp wc* root@huatec01:/home/input
root@huatec01's password:
wc1.txt                        100%  186    149.4KB/s   00:00
wc2.txt                        100%  180    221.7KB/s   00:00
→ 项目 6
```

我们使用 scp 指令将本地的两个文件上传到 huatec01 主机的"/home/input"目录下。在进行数据分析时，需要将数据导入到 Hive 表中，所以将数据导入到 HDFS 上，指令如下所示：

【代码 6-35】 上传文件到 HDFS

```
[root@huatec01 ~]# hadoop fs -put /home/input /
[root@huatec01 ~]# hadoop fs -ls /input
Found 2 items
-rw-r--r--   3 root supergroup    186 2018-01-10 09:53 /input/wc1.txt
-rw-r--r--   3 root supergroup    180 2018-01-10 09:53 /input/wc2.txt
[root@huatec01 ~]#
```

接下来，我们创建一个 Hive 表，将数据导入到其中，指令如下所示：

【代码 6-36】 导入数据到表中

```
hive> create table word(line string);
hive> load data inpath '/input' overwrite into table word;
```

我们用上面的代码创建了一个表 word，该表只有一个字段 line。执行上述指令过程如图 6-30 所示。

```
hive> create table word(line string);
OK
Time taken: 0.132 seconds
hive> load data inpath '/input' overwrite into table word;
Loading data to table default.word
OK
Time taken: 0.335 seconds
hive>
```

图6-30　导入数据

然后编写分析语句 Hive QL 语句，并将分析的结果存放到一张表中。编写分析语句，我们需要考虑到编写 MapReduce 的几个要点，一是数据按行拆分；二是 map 阶段的单词统计，三是 reduce 阶段的数量统计。

先看一下编写好的 Hive QL 语句，具体指令如下所示：

【代码6-37】 数据分析语句

```
create table word_count as
    select single_word, count(1) as count from (select explode(split(line, ' '))
        as single_word from word) w
    group by single_word
    order by single_word;
```

在上面的指令中，使用 split 关键词对 "line" 字段进行拆分，然后使用 count() 函数进行次数统计。Hive QL 和 MySQL 一样支持一些常见的函数，比如 :count()、sum()、round()、trim() 等，也可以自定义 QL 函数然后将其打成 jar 包来实现其他的功能。最后使用 group by 进行分组操作，这个和 reduce 阶段的统计效果是一样的。order by 是用来对最后的统计结果进行排序的，类似于 Shuffle 中的排序功能。

执行上述的指令，效果如图 6-31 所示。

从图 6-31 中我们可以看出，Hive QL 转换为了相应的 MapReduce 任务，任务完成后其结果数据存储在："hdfs://ns1/user/hive/warehouse/word_count" 中，这个是 Hive 内部表的默认数据位置，查看上面的 QL 执行的统计结果，如图 6-32 所示。

从图 6-32 中我们可以看出，word_count 表中保存的就是词频统计的结果，而且已经安排字典顺序进行排列。只是编写了一条 QL 语句就实现了与编写 MapReduce 代码的功能。

```
hive> create table word_count as
    > select single_word, count(1) as count from (select explode(split(line, ' ')) as single_word from w
    > w
    > group by single_word
    > order by single_word;
WARNING: Hive-on-MR is deprecated in Hive 2 and may not be available in the future versions. Consider us
1.X releases.
Query ID = root_20180110115340_208b740a-78eb-4371-b572-1c846c39657c
Total jobs = 2
Launching Job 1 out of 2
Number of reduce tasks not specified. Estimated from input data size: 1
In order to change the average load for a reducer (in bytes):
  set hive.exec.reducers.bytes.per.reducer=<number>
In order to limit the maximum number of reducers:
  set hive.exec.reducers.max=<number>
In order to set a constant number of reducers:
  set mapreduce.job.reduces=<number>
Starting Job = job_1515547534120_0003, Tracking URL = http://huatec01:8088/proxy/application_15155475341
Kill Command = /huatec/hadoop-2.7.3/bin/hadoop job  -kill job_1515547534120_0003
Hadoop job information for Stage-1: number of mappers: 1; number of reducers: 1
2018-01-10 11:53:54,099 Stage-1 map = 0%,  reduce = 0%
2018-01-10 11:54:09,823 Stage-1 map = 100%, reduce = 0%, Cumulative CPU 1.98 sec
2018-01-10 11:54:20,349 Stage-1 map = 100%, reduce = 100%, Cumulative CPU 3.55 sec
MapReduce Total cumulative CPU time: 3 seconds 550 msec
Ended Job = job_1515547534120_0003
Launching Job 2 out of 2
Number of reduce tasks determined at compile time: 1
In order to change the average load for a reducer (in bytes):
  set hive.exec.reducers.bytes.per.reducer=<number>
In order to limit the maximum number of reducers:
  set hive.exec.reducers.max=<number>
In order to set a constant number of reducers:
  set mapreduce.job.reduces=<number>
Starting Job = job_1515547534120_0004, Tracking URL = http://huatec01:8088/proxy/application_15155475341
Kill Command = /huatec/hadoop-2.7.3/bin/hadoop job  -kill job_1515547534120_0004
Hadoop job information for Stage-2: number of mappers: 1; number of reducers: 1
2018-01-10 11:54:36,975 Stage-2 map = 0%,  reduce = 0%
2018-01-10 11:54:47,439 Stage-2 map = 100%, reduce = 0%, Cumulative CPU 1.22 sec
2018-01-10 11:54:56,893 Stage-2 map = 100%, reduce = 100%, Cumulative CPU 1.22 sec
MapReduce Total cumulative CPU time: 3 seconds 10 msec
Ended Job = job_1515547534120_0004
Moving data to directory hdfs://ns1/user/hive/warehouse/word_count
MapReduce Jobs Launched:
Stage-Stage-1: Map: 1  Reduce: 1   Cumulative CPU: 3.55 sec   HDFS Read: 8324 HDFS Write: 365 SUCCESS
Stage-Stage-2: Map: 1  Reduce: 1   Cumulative CPU: 3.01 sec   HDFS Read: 5213 HDFS Write: 185 SUCCESS
Total MapReduce CPU Time Spent: 6 seconds 560 msec
OK
Time taken: 78.676 seconds
```

图6-31　数据分析

```
hive> select * from word_count;
OK
caolijie        1
fanye   3
limei   1
shaobing        4
username        20
wangxiargling   3
wujing  1
zhaoming        2
zhaoyanhui      3
zhusheng        2
Time taken: 0.168 seconds, Fetched: 10 row(s)
```

图6-32　查看统计结果

6.2.4　任务回顾

知识点总结

1. Hive 下载与部署。

2. Hive 表操作，使用 Hive 分别演示了 Hive 四种表类型的创建与数据关联操作。

3. 使用 Hive 进行 WordCount 数据分析。

学习足迹

项目 6 任务二学习足迹如图 6-33 所示。

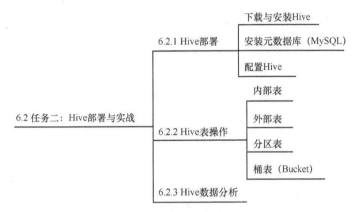

图 6-33　项目6任务二学习足迹

思考与练习

1. 现在我们有一个桶表，包含了 16 个桶，请列举可能的抽样形式并写出相应的 Hive QL 语句。

2. 我们知道分区和桶操作都是对数据的细分化管理，那么它们是否可以结合使用呢，如果可以的话请以示例说明，如果不行，请说明原因。

6.3　项目总结

通过项目 6 的学习，我们熟悉了 Hive 的架构及其原理，了解了 Hive 的数据类型和表类型，熟悉了 Hive 的部署，以及如何使用 Hive QL 创建 Hive 表，最后以 WordCount 为例说明如何使用 Hive 进行数据分析。

通过项目 6 的学习，我们提高了逻辑思维能力及探索新知的能力。

图 6-34 为项目 6 的项目总结。

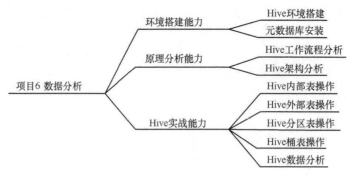

图6-34 项目6项目总结

6.4 拓展训练

自主分析：自定义 Hive QL 函数。

◆ 调研要求：

在使用 Hive shell 时，我们可以使用 sum()、count() 等函数，但是有些业务场合，希望有其他更多的函数。因为 Hive 执行 QL 语句就可以执行 MapReduce，自然希望 QL 语句的功能更加强大，其结果就是想要的结果，这时，就需要自定义一些函数了，也就是 UDF。请尝试自定义一个能实现一定功能的 UDF 函数。

◆ 格式要求：使用 IDEA 开发工具，格式要求无。

◆ 考核方式：采取提交代码，分组进行测试评分，时间要求 15~20 分钟。

◆ 评估标准：见表 6-6。

表6-6 拓展训练评估表

项目名称： 自定义Hive QL函数	项目承接人： 姓名：	日期：
项目要求	评价标准	得分情况
总体要求： ①编写UDF代码。 ②打包及测试	① 代码逻辑合理，并成功完成UDF函数代码编写，功能上可以与现有的函数重叠（50分）。 ② 打包及测试，编写QL语句进行测试（40分）。 ③ 代码排版整洁，结构分明（10分）	
评价人	评价说明	备注
个人		
老师